"L'aube, c'est l'instant où se lève la parole – et, avec elle, toute la lumière. Dehors, il fait froid. On ouvre la fenêtre, on jette du sel aux anges, quelques questions aux écrivains. Ils répondent avec cette voix qui n'est plus celle de la vie courante, pas encore celle de l'écriture. Avec cette voix faible – courante sous la cendre, tremblante sous la page."

Hubert Reeves

Intimes convictions

Données de catalogage avant publication (Canada)

Reeves, Hubert, 1932-
Intimes convictions
Réédition
ISBN 2-7604-0792-6

1. Reeves, Hubert, 1932. – Entretiens. 2. Cosmologie. 3. Astrophysiciens. - Québec (Province) – Entretiens. 4. Astrophysiciens - France – Entretiens. I. Comte-Sponville, André. II. Titre.

QB460.72.R44A3 2001 523.01'092 C00-942142-4

52, chaussée de Roubaix, 7500 Tournai (Belgique).

Dépôt légal : Bibliothèque nationale de Québec, 2001
Couverture : © Europ Flash

Les Éditions internationales Alain Stanké remercient le Conseil des Arts du Canada et la Société de développement des entreprises culturelles (SODEC) de l'aide apportée à leur programme de publication.

Nous reconnaissons l'aide financière de gouvernement du Canada par l'entremise du Programme d'aide au développement de l'industrie de l'édition (PADIÉ) pour nos activités d'édition.

Les Éditions internationales Alain Stanké
615, boulevard René-Lévesque Ouest, Bureau 1100
Montréal H3B 1P5
Tél. : (514) 396-5151
Fax : (514) 396-0440
editions@stanke.com
www.stanke.com

Stanké international
12, rue Duguay-Trouin
75006 Paris.
Tél./Fax : 01.45.44.38.73.
edstanke@cybercable.fr

Diffusion au Canada : Québec-Livres

Hubert Reeves

Intimes convictions

Entretiens avec

André Comte-Sponville
Sylvie Bonnet
Véronique Chica
Charles Juliet
François Bon
Gilles Derome

I

Entretien avec

André Comte-Sponville

Pourquoi devient-on astrophysicien ? Ou plutôt, quelles sont les raisons qui ont fait que vous avez voulu, vous, le devenir ?

Il me sera plus facile de répondre à la question posée sous une forme un peu différente. “Comment se fait-il qu’“un beau jour” je me sois rendu compte que j’étais devenu astrophysicien ?” Qu’y a-t-il en moi qui puisse éclairer ce parcours ?

Au premier niveau, je sens un désir impérieux d’explorer le monde dans toutes ses dimensions. De quoi est faite cette réalité dans laquelle nous sommes plongés, comment fonctionne-t-elle et quelle est son histoire ? Cette soif de connaissance a été à la source de grands moments de bonheur. J’ai des souvenirs de cours qui m’ont plongé dans une véritable exaltation. Je ressens une intense gratitude pour les enseignants qui m’ont éclairé.

À vrai dire, je ne vois pas comment j’aurais pu ne pas faire de la science le centre de mon existence. J’ai systématiquement refusé les propositions d’activités diverses qui ne m’auraient pas laissé le loisir de suivre les progrès de la connaissance. Au cours des siècles à venir, on continuera sans doute à percer les mystères de la réalité. L'idée que je n'en pourrai plus rien savoir me frustre infiniment.

Derrière cette curiosité, je reconnais facilement une composante d'anxiété sinon d'angoisse. La science est rassurante. Les comportements de la matière sont largement intelligibles. Le monde n'est pas un chaos. L'adéquation de l'esprit humain avec l'univers physique et astronomique est une source d'apaisement pour un esprit inquiet.

Le chat qu'on déplace dans une maison nouvelle, ou le poisson tropical qu'on introduit dans l'aquarium, commence immédiatement à explorer son nouveau territoire. Sa curiosité n'est pas gratuite, il doit repérer les ennemis éventuels. Cette tâche accomplie, son inquiétude s'apaise, il peut reprendre ses activités habituelles.

Des germes de comportements analogues, inscrits sans doute dans notre héritage génétique, teintent nos attitudes. Aux craintes vécues par les animaux, nous avons ajouté l'angoisse de la mort. L'intérêt profond des humains pour les problèmes de l'origine n'est pas, me semble-t-il, étranger à cette préoccupation fondamentale. Il y a, sous-jacent, l'espoir que la réponse à la question "D'où venons nous ?" pourrait nous éclairer sur la question fondamentale "Où allons-nous ?" Même si cet espoir est reconnu comme illusoire.

"Je voudrais être comme lui et faire ce qu'il fait."

D'une façon plus concrète, je peux retrouver dans ma mémoire un certain nombre d'instants de ma jeunesse où les jeux se sont faits. Des événements qui ont pratiquement déterminé ce choix de carrière.

Le plus ancien remonte à ma sixième année environ. Je suis dans un laboratoire de génétique des plantes à la Trappe d'Oka, près de Montréal. C'est la fin de l'après-midi. Le soleil, tamisé par les stores vénitiens, donne aux objets une teinte dorée. Sur une table, un herbier est grand ouvert. Des odeurs de plantes sèches me parviennent. Près de moi, un moine en soutane blanche m'explique, en l'illustrant, le mode de reproduction des plantes. Avec patience et douceur, il répond à mes questions.

Il s'appelle le père Louis-Marie et c'est un ami de la famille. Cet instant, ce soleil doré, cette odeur, et la gentillesse de cet homme ont produit sur moi une profonde impression. Je pense : "Je voudrais être comme lui et faire ce qu'il fait."

Plus tard, sentant ma passion pour les sciences, mes parents m'ont offert un livre sur les microbes. L'histoire de Pasteur explorant ce monde microscopique, si proche et si riche, m'enthousiasmait. Comme j'aurais aimé vivre ces moments ! Je vibrais à l'histoire de Galilée découvrant les montagnes de la Lune ; à celle de Hubble démontrant l'existence des galaxies extérieures.

Une autre image me vient d'un laboratoire de chimie au collège. Grâce à la connivence d'un enseignant, j'ai eu la permission de revenir dans ce lieu après les heures de cours. Je suis seul, la nuit tombe et j'observe au microscope la cristallisation d'une substance liquide sursaturée. Sous mes yeux, de longues aiguilles se forment et s'entremêlent, colorées en multiples teintes par un éclairage rasant. La beauté du spectacle m'éblouit et la métamorphose du paysage atomique sous mes yeux me rend euphorique. Y assister en direct est vécu comme un privilège.

Du collège encore me revient le souvenir d'une séance d'astronomie pratique. Un banc optique installé sur le bord d'une fenêtre est dirigé vers Saturne. Des lentilles de focales différentes sont mises à notre disposition. Une formule mathématique permet de déterminer les positions requises pour obtenir un télescope. Je choisis deux lentilles, je fais le calcul, je dispose les lentilles. je me penche incrédule et tremblant. Merveille : l'image de la planète argentée est là, entourée de ses anneaux majestueux. Puissance des instruments d'optique pour observer le monde ; puissance des mathématiques pour le décrire. Par la suite, au moyen d'un télescope fabriqué dans un tuyau de cheminée, je me suis jeté goulûment sur tous les objets célestes accessibles avec un petit instrument.

Un dernier souvenir, plus théorique cette fois. Dans les différents chapitres de la physique collégiale, j'avais été frappé par le fait que des formules semblables décrivaient des phénomènes entièrement différents. Les mathématiques montraient leur ancrage dans la nature. J'ai eu envie de poursuivre dans cette voie.

La curiosité et l'angoisse... Mais la curiosité n'est-elle pas toujours insatisfaite ? Et que peuvent les sciences contre l'angoisse ? "La science est rassurante", dites-vous. Est-ce si sûr, si elle ne nous promet que la mort ?

Ce qui m'a surtout retenu dans le bref énoncé de votre relance, c'est la tristesse qui s'en dégage. J'ai lu plusieurs de vos écrits ; je connais et j'apprécie votre position proche du stoïcisme devant la vie. Aussi je vais profiter de cet entretien pour me situer par rapport à vos positions personnelles dans ce grand débat de l'angoisse et de la mort.

"La curiosité n'est-elle pas toujours insatisfaite ?" Cela dépend de nos attentes. Vous faites peut-être allusion au caractère forcément incomplet, toujours précaire et contestable, des connaissances scientifiques. Les théories "du tout" auxquelles beaucoup de scientifiques ont aspiré à leurs heures sont, à mon avis, des mirages. Plus on croit s'en approcher, plus elles s'éloignent. Rappelons qu'il y a cent ans – c'est-à-dire avant la découverte de la relativité d'Einstein, de la physique quantique et de la cosmologie moderne – le physicien Marcelin Berthelot écrivait : "Le monde est désormais transparent !" Plus récemment, l'astrophysicien Steven Hawking entrevoyait la fin de la physique pour le tournant du siècle.

La possibilité de l'existence de telles théories impliquerait que, quelque part, tout est écrit ("*Mechtoub*", disent les Arabes) et qu'on puisse le lire. Nous savons, grâce à l'apport cognitif des théories déterministes dites du "chaos" – à la suite des intuitions géniales d'Henri

Poincaré –, que ce point de vue est intenable. "L'arborescence des possibles" dont je parle dans l'entretien avec Sylvie Bonnet rend la prédiction de l'avenir, à longs termes, intrinsèquement impossible.

En dépit de ces limitations je reste, pour ma part, profondément émerveillé par tout ce que nous avons pu apprendre sur notre monde. Je suis stupéfié de la puissance de l'esprit humain qui arrive à déchiffrer le langage des atomes invisibles et la dynamique des galaxies lointaines, tout aussi invisibles. La science moderne est un admirable monument qui fait honneur à l'espèce humaine et qui compense (un peu) l'immensité de sa bêtise guerrière.

De surcroît, par la nature même de sa méthode, il y a de nombreuses questions auxquelles la science ne peut donner aucune réponse. Le domaine de la science est celui du "comment ça fonctionne ?" mais pas celui du "qu'est-ce qui est bon ?". Les valeurs lui sont étrangères. Elle peut nous dire comment faire des manipulations génétiques ; elle ne peut pas nous répondre quand nous posons la question : "Devons-nous, oui ou non, faire des manipulations génétiques ?"

Vos mots : "La science ne nous promet que la mort", font référence, je suppose, à une vision purement physico-chimique de la vie. L'argumentation irait à peu près comme ceci : puisque toute l'activité intellectuelle, y compris la conscience, est une *production* des neurones du cerveau – comme la bile est une sécrétion du foie –, la dissolution de la structure moléculaire au moment de la mort entraîne fatalement l'anéantissement de la personne. Dans le même esprit, Épicure écrivait déjà, il y a plus de deux mille ans : “La mort n’est rien pour nous car ce qui est dissous est privé de sensibilité et ce qui est privé de sensibilité n’est rien pour nous.”

Je ne vois là qu’un raisonnement simpliste basé sur une comparaison éminemment discutable. Une vision dont le succès tient beaucoup à son aspect “rassurant”, tout comme la vision chrétienne de la “résurrection glorieuse”. “L’image de la dissolution du moi est un remède contre les angoisses de mort”, écrit en substance Épicure (je n’ai pas le texte sous les yeux). Citant un de vos propos à la télévision, je dirais : “Ce n’est pas parce qu’une opinion est rassurante qu’elle est vraie.”

Comparaison pour comparaison, en voici une autre basée sur une petite fable. Ça se passe aux tout premiers temps de la radiophonie. Au moyen de fil de fer, de cristaux de plomb et de lampes primitives, un bricoleur a élaboré un poste récepteur. Il manipule des boutons et... on entend du Mozart. “Voilà, dit-il à ses amis, une production de mon appareil. La preuve : quand je démantèle le montage je n’entends plus rien ; quand je le remonte, la musique revient.”

Aussi naïve soit-elle, cette fable a le mérite de mettre en relief les insuffisances de l’argumentation physicochimique. Les arguments à notre échelle, basés sur nos modes habituels de raisonner, sont suspects quand on les extrapole hors de leur contexte. La réalité a ses façons à elle de nous déborder de tous côtés...

En mettant en relief l’importance des vies individuelles vécues dans l’élaboration de la complexité cosmique, le message de la science moderne nous rejoint dans tout ce qui nous touche et fait le tissu de notre existence. Il y a quelques années une amie qui venait de perdre sa mère m'a demandé de venir dire quelques mots au cimetière. Que pouvais-je dire : que savons-nous de la mort et de l'après-mort ? J'ai cherché longtemps sans succès.

Au moment où le cercueil allait s'enfoncer dans la fosse, il m'est venu l'idée que cette découverte de l'importance à l'échelle cosmique de chacune de nos vies individuelles ouvrait peut-être des perspectives nouvelles sur le mystère de la mort. Pour faire ressortir davantage le sens de ce propos, je l'ai opposé à la position des philosophes existentialistes selon lesquels nous sommes "de trop", des "étrangers", des "chancres". Certes, si la vie n'a pas d'importance, la mort n'en a pas non plus. Mais si, au contraire, elle s'insère dans ce vaste mouvement de croissance de la complexité, le sens de la mort en est peut-être transformé.

Me revient l'image d'un jour froid et pluvieux de fin novembre à la campagne. Une brume épaisse et blanche, étouffant tous les bruits, m'isole du reste du monde. Près de moi, un grand sycomore se profile dans le brouillard givrant. Une à une, ses feuilles se détachent des branches, glissent lentement sur les nappes humides de l'air pour atterrir, dans un faible bruissement feutré, sur la pelouse gorgée d'eau.

Je suis resté longtemps devant ce spectacle avec l'impression de vivre un moment important. Ces feuilles, dont l'apparition au printemps nous a tellement réjouis et dont les surfaces vertes entremêlées nous ont valu les pénombres tamisées de l'été, meurent maintenant, sans histoire. Au pied de leurs tiges, les bourgeons sont déjà en place pour le printemps suivant. Je pense : "Puissions-nous, conscients d'avoir joué notre rôle aussi minime soit-il dans l'évolution du cosmos, accéder à une telle sérénité devant la mort."

Mourir sans histoire, comme vous dites joliment, n'est-ce pas accepter de mourir, renoncer à l'immortalité, à toute espérance transcendante ou eschatologique ? Je sais bien que les sciences ne répondent pas à ces questions. C'est pourquoi je disais que la curiosité reste insatisfaite. Qu'y avait-il avant le Big Bang ? Qu'y aura-t-il après la mort ? Les sciences ne répondent pas, elles ne peuvent pas répondre. Mais vous m accorderez sans doute qu'on ne peut pas se contenter des problèmes que les sciences se posent ou sont susceptibles de résoudre. Personnellement, quelle est votre attitude devant la question de l'être ("Pourquoi y a-t-il quelque chose plutôt que rien ?") et devant la mort ? Vous semblez récuser l'idée que la mort du corps soit nécessairement la mort de l'âme (je vous accorde que ce n'est en effet qu'une croyance comme une autre), et en même temps vous donnez comme modèle une feuille qui meurt "sans histoire" et, selon toute vraisemblance, totalement. Je sais bien qu'il y aura d'autres feuilles au printemps. Mais cela suffit-il à vous consoler ? à vous rassurer ? Ou bien avez-vous une autre croyance ? une autre espérance ? une autre foi ?

Je suis entièrement d'accord avec votre attitude ; la science laisse forcément de côté les questions les plus vitales. Pour reprendre le bon mot de Galilée, la science nous dit "comment va le ciel" et non pas "comment on va au ciel". En termes plus modernes, on dirait : elle nous apprend comment la nature fonctionne mais non si la vie a un sens, s'il y a quelque chose au-delà de ce qui se laisse percevoir et quels seraient nos devoirs en tant qu'êtres humains. Plus brièvement : à quoi tout cela rime-t-il, à supposer que cela rime à quelque chose ? Voilà des questions fondamentales qui obsèdent les humains sans doute depuis l'apparition de la conscience chez nos plus lointains ancêtres et sur lesquelles la science est muette.

Bien sûr, comme tout le monde, j'ai peur de la mort. L'idée que, dans un avenir pas très éloigné (quelques décennies au plus), je devrai quitter ce monde me peine et me frustre énormément. Être privé du cycle des saisons, des floraisons précoces, des chants qui annoncent le retour des oiseaux migrateurs et des merveilleux coloris de la forêt canadienne me paraît d'une grande cruauté. Quand j'ai planté des cèdres et des séquoias, c'était, je le sens bien maintenant, pour qu'ils soient mes réprésentants et mes messagers dans ces temps où je ne serai plus.

Est-ce que j'ai une foi ? une espérance ? je suis partagé entre deux visions du monde bien difficiles à concilier.

D'une part, la vision émergeant de la "belle histoire" que nous raconte aujourd'hui l'astronomie me réjouit profondément. Cette croissance de la complexité dans l'univers, à partir d'un Big Bang chaotique jusqu'à l'apparition de la vie et de l'intelligence, ne peut pas, me semble-t-il, être sans signification. C'est là que j'attache toute mon espérance sans pourtant en comprendre le sens.

L'autre vision vient de la lamentable histoire des êtres humains. Les chroniques des historiens antiques ou modernes sont désespérantes. Cette monotone succession de malheurs, de guerres, de massacres et de sang donne l'impression d'un immense ratage. Les Grecs invoquaient l'image de la fatale *moîra* pesant sur l'humanité, interdisant aux hommes et aux nations de vivre en harmonie. Comment réconcilier ces deux faces du monde ? C'est là pour moi le nœud du problème.

Une position chrétienne traditionnelle, basée sur la notion de culpabilité et de "péché originel", rend l'humanité responsable de ses propres malheurs. Mais l'image de l'innocence première et du Paradis terrestre ne résiste pas à l'analyse des comportements animaux par les éthologistes contemporains. "Les guépards ne s'attaquent qu'aux gazelles âgées ou malades", disent les biologistes, "assainissant" ainsi le troupeau. Les nazis utilisaient les mêmes mots pour justifier l'élimination des vieillards et des débiles. La face sombre du monde est antérieure à l'apparition des êtres humains. Ceux-ci n'ont fait que l'accentuer et l'exacerber. L'origine du problème est bien plus ancienne.

On justifie quelquefois le marasme humain en l'associant à une gestation douloureuse ; les prémices d'une éclosion. Hegel voyait dans les soubresauts des civilisations antérieures les modes de l'avènement de l'état idéal : l'état moderne. On retrouve une position analogue au travers des écrits du poète Saint-John Perse. Dans son discours de prix Nobel, il écrit : "Ne crains pas, dit l'Histoire, levant un jour son masque de violence – et de sa main levée elle fait ce geste conciliant de la Divinité asiatique au plus fort de sa danse destructrice. Écoute plutôt ce battement rythmique que ma main haute imprime, novatrice, à la grande phrase humaine en voie toujours de création. Il n'est pas vrai que la vie puisse se renier elle-même." Il ajoute ailleurs : "Et les Furies qui traversent la scène, torches hautes, n'éclairent qu'un instant du très long thème en cours. Les civilisations mûrissantes ne meurent point des affres d'un automne, elles ne font que muer."

Pendant les trente années de l'"équilibre de la terreur" (1950-1980) nous sommes passés plusieurs fois à deux doigts d'une guerre nucléaire mondiale. L'issue aurait pu être la disparition de l'humanité. Les archives du Kremlin récemment ouvertes font froid dans le dos. Et si cette guerre avait eu lieu et si l'humanité avait été exterminée, de quelle mutation pourrait-il s'agir ? Et que voudrait dire cette autre phrase de Saint-John Perse : "La leçon (du poète) est d'optimisme. Une même loi d'harmonie régit pour lui le monde entier des choses. Rien n'y peut advenir par nature qui excède la mesure de l'homme" ? Si : la bombe atomique !

Mais revenons à notre question initiale. "La nature (Dieu, l'univers) s'intéresse-t-elle à nous ? Nous veut-elle du bien ? A-t-elle du "cœur" ? L'anthropomorphisme, s'il est reconnu comme tel, n'est pas nécessairement sans intérêt. Il peut parfois être fécond. À ces questions, les scientifiques répondent souvent : "La nature est ce qu'elle est, elle n'a que faire de nos états d'âme et de nos angoisses. Elle n'a pas de sentiments." Cette position a été bien exprimée par le mathématicien Alfred North Whitehead : "On reconnaît à la nature des mérites qui véritablement devraient nous être réservés, la rose pour son odeur, le rossignol pour son chant et le Soleil pour sa lumière. Les poètes sont dans l'erreur totale. Ils devraient s'adresser leurs vers à eux-mêmes, en faire des odes de félicitations à l'excellence de l'esprit humain. La nature est terne, muette, incolore et sans odeur ; tout juste l'agitation de la matière, sans fin, sans sens."

Pourtant, souscrire à cette position, n'est-ce pas ignorer que la nature a engendré l'être humain qui, lui, peut avoir des sensations et des sentiments. Ce fait, on ne peut pas le gommer. En tout anthropomorphisme on peut dire que, en créant l'être humain, la nature s'est donné un cœur. La compassion n'existe peut-être pas au niveau de l'ADN mais certainement au niveau de la personne tout entière. Ce sentiment – ne pas être indifférent à la souffrance des autres – est pour moi le plus beau sentiment humain. La compassion "est" dans la nature ; elle a engendré un être capable de compatir et d'offrir son aide. Cette constatation me paraît passible de donner un sens et une orientation à l'existence humaine.

La vie est dure en elle-même. "Le malheur est profond, profond, profond", écrit Aragon, "de temps en temps, la terre tremble." On n'y peut rien. Mais il reste une marge dans laquelle on peut augmenter le malheur ou le diminuer. Notre action sur cette marge a un sens, indépendamment du projet, de l'absence de projet, ou de l'impossibilité fondamentale de savoir s'il y a un projet.

Au-delà de cette attitude "pratique", les grandes questions restent sans réponse. Je me sens parfois comme celui qui lit un roman policier particulièrement embrouillé et qui ne comprend rien. Il attend avec impatience le dernier chapitre où tout devrait s'éclairer. Si la mort n'est pas un anéantissement, y trouverons-nous les clefs qui nous font si cruellement défaut ? Je me prends quelquefois à le croire. Ce naïf espoir me donne du courage.

J'inverserais volontiers le pari de Pascal. Vivre comme s'il n'y avait rien après, mais laissant grande ouverte la possibilité qu'il y ait "quelque chose". Faire ce qui nous paraît mériter nos efforts même si l'issue devait être l'anéantissement. Pour ma part, je cherche à connaître et à faire connaître par l'écrit et la parole les enseignements de la science sur l'histoire de l'univers et sur notre insertion dans ce vaste mouvement de complexité cosmique.

Ai-je une foi ? Je ne suis pas matérialiste au sens ordinaire du mot. Je ne crois pas un seul instant que l'évolution cosmique et l'apparition de la conscience humaine soient le résultat du pur hasard. Mais je ne sais pas quoi mettre à la place. Aucune des religions traditionnelles ne me paraît avoir le monopole de la "vérité". Elles ont chacune à leur façon développé des visions multiples de la transcendance. Il y a généralement peu d'éléments communs entre leurs visions (par exemple entre le Tao et le Dieu de la Bible). Cette constatation souligne surtout les limitations de l'esprit humain face à une réalité si mystérieuse. Les histoires saintes illustrent des facettes différentes de "l'au-delà".

Mon rapport à la transcendance passe par l'art et en particulier par la musique. Mais non par les pratiques religieuses. Les salles de concert sont mes églises. Et les quatuors de Schubert me parlent, plus éloquemment que les arguments philosophiques, d'un au-delà qui nous dépasse et nous entoure de toutes parts. Je rejoins Saint-John Perse : "Quand les mythologies s'effondrent, c'est dans la poésie que trouve refuge le divin."

Vous avez parlé de la forêt canadienne... Le fait d'être né à Montréal et d'y avoir longtemps vécu, est-ce important pour vous ? Vous sentez-vous québécois ? En quel sens ?

Je me sens profondément enraciné dans le pays de mon enfance. Je transporte avec moi les images des lumières sur le lac Saint-Louis, des grands peupliers que le vent faisait chanter, des marécages où je m'échappais pour y passer de douces heures à observer les arbres et les oiseaux. Aussi les images du Grand Nord illuminé d'aurores boréales vertes et roses qui me tenaient éveillé quelquefois jusqu'au lever du jour. J'ai arpenté à pied, en voiture et en bateau-stop, les rives du Saint-Laurent et je me suis comblé du délice de regarder la grande nappe bleue scintillante de soleil au-dessus des frondaisons vertes.

Je me sens très québécois. Les gens de mon pays me tiennent à cœur. Ils me sont proches et précieux. J'aime retourner au Québec. L'arrivée à l'aéroport m'emplit d'une sensation agréable. J'y passe environ deux mois par an, pour enseigner à l'université de Montréal et donner des conférences de vulgarisation scientifique mais aussi, et surtout, pour revoir et reprendre contact avec tous ceux qui me sont chers là-bas. J'aime l'idée d'être de deux pays et de m'y sentir bien.

Quand vous regardez en arrière, quand vous réfléchissez à votre vie, quelle est votre principale satisfaction ? Votre principale déception ?

J'ai beaucoup de satisfactions dans la vie et il m'est difficile d'en singulariser une. Elles me sont toutes importantes.

J'adore apprendre. J'ai beaucoup de reconnaissance pour ceux qui m'ont appris des choses. Je n'aurais, pour rien au monde, manqué un seul cours de certains professeurs à l'université Cornell où j'ai étudié. J'adore aussi enseigner : apprendre quelque chose à quelqu'un, un universitaire ou un enfant, me comble. Les témoignages d'appréciations que je reçois au sujet de mes cours et de mes conférences m'encouragent à poursuivre ces occupations, à chercher à les améliorer. Chacun de nous fait spontanément ce qu'il sait faire ; ce qui lui amène des éloges. Ça fait "boule de neige".

Les gens que j'aime et qui m'aiment me sont également source de grand bonheur. Je ferais n'importe quoi pour ne pas les perdre. Développer des relations m'a toujours paru être l'occupation la plus digne d'intérêt de notre existence.

Je ne sais pas comment je pourrais vivre sans la musique que j'écoute pratiquement toute la journée, en écrivant, en lisant. J'ai écrit *Patience dans l'azur* en écoutant *Cosi fan tutte*. Le rythme emporté m'inspirait. Et *L'heure de s'enivrer* au son de la *Tétralogie* de Wagner.

Mettre les mains dans la terre, jardiner, donne la sensation de participer au grand mouvement de la vie dont nous faisons partie et qui nous dépasse. J'ai planté des arbres pour faire connaissance. J'aime les voir grandir et prendre leurs formes. Leurs noms – cèdres du Liban, de l'Atlas, de l'Hymalaya, séquoias, ginkgos, eucalyptus – prennent maintenant pour moi une dimension nouvelle.

Ce que je regrette le plus, c'est de n'avoir pas pris suffisamment le temps de vivre avec mes enfants. Certains moments de vacances familiales restent parmi mes plus beaux souvenirs. Ils sont trop peu nombreux ; je me suis trop laissé prendre par ma carrière. Pendant des années, je n'ai pas été présent auprès d'eux. Je regrette de ne pas les avoir suivis de près et de ne pas avoir assisté à chaque moment de leur évolution. Aujourd'hui je suis davantage présent, mais ils sont grands et je ne peux pas retourner en arrière pour reprendre les instants perdus. Cela me chagrine beaucoup. J'ai maintenant quatre petits-enfants que j'adore et qui m'adorent.

Et quand vous pensez à l'avenir, quelle est votre principale inquiétude ? Votre principale espérance ?

Ma principale inquiétude est la détérioration de la planète. Retrouver aujourd'hui dans un état de délabrement des coins de nature qui m'ont autrefois charmé m'attriste profondément. Les marécages bruissants de vie du lac où j'ai passé mon enfance sont maintenant morts, jonchés de sacs en plastique. Il y a là un gâchis déplorable. Aujourd'hui, c'est l'ensemble de notre planète qui est menacé.

Au-delà de la beauté ainsi bazardée, il y a l'inquiétude sur l'avenir de l'espèce humaine. Selon un reportage télévisé récent, un million de mines antipersonnelles sont enfouies dans le sol en Afghanistan. Chaque jour des dizaines de personnes, surtout des enfants, sont blessées ou tuées. Il faudrait plus de cinquante ans pour déminer la région. Mais la fabrication continue à vive allure : elles coûtent moins d'un dollar pièce.

Cette irresponsabilité des êtres humains est désespérante. Là se trouve le problème majeur de l'humanité. Le ver est dans la pomme et la pomme est déjà bien atteinte. Cette crise, la plus grave jamais rencontrée par l'humanité, pourrait bien entraîner sa disparition. Dans un musée de sciences naturelles américain, j'ai vu un poster sur les animaux menacés de disparition. Avoisinant les images du tigre du Bengale et du rhinocéros blanc, il y avait celles d'un homme et d'une femme !

Je mets mon espoir dans l'éveil rapide et dans la puissance toujours croissante des mouvements écologistes. Peut-être pour la première fois dans l'histoire de l'humanité, on commence à planifier à long terme. On refuse de sacrifier le futur pour le présent. Cette mouvance gagne rapidement les niveaux où se prennent les décisions. Les conférences de La Haye, de Rio, de Kyoto et du Caire en sont les manifestations les plus spectaculaires. Bien sûr il y a là beaucoup de belles paroles et peu d'actions concrètes, mais le mouvement est lancé et il prend de la puissance. Des organismes, comme le WWF, qui s'intéressent au sort des loups et des ours me rassurent et m'émeuvent. Qui, pendant les siècles passés, aurait levé le petit doigt pour eux ? Il y a là une humanisation de la planète qu'on ne saurait trop encourager.

Le mouvement écologique arrivera-t-il à freiner et à stopper la détérioration planétaire avant qu'elle n'ait atteint un point de non-retour ? Personne ne connaît la réponse à cette question. Ce combat va se jouer dans les décennies qui suivent. Je souhaite anxieusement que notre espèce résolve ce problème. On dit souvent que si nous sommes menacés, les insectes ne le sont nullement. Ils pourraient bien prendre notre place. Mais ça serait trop bête !

Je suis comme tout le monde : je vous ai vu surtout à la télévision ou dans des colloques... J'ai admiré votre entrain, votre vivacité, votre chaleur, votre enthousiasme... Vous donnez l'impression d'être un homme heureux. C'est le cas ?

Je crois que j'ai beaucoup de chance. Je fais ce que j'aime faire et je suis payé pour cela ! Combien de gens sur notre planète ont-ils ce privilège ? La vie me traite bien et je lui en suis profondément reconnaissant. Je sais que tout cela est fragile et menacé, aussi j'essaie d'en jouir pleinement pendant que ça dure. Chaque matin je remercie le ciel (qui est-il ?) de me donner une nouvelle journée à vivre.

II

Entretien avec

Sylvie Bonnet

Puisque vous racontez lors de vos conférences une histoire "vraie" ou du moins largement vérifiée, je voulais, moi, commencer ce dialogue par une légende. C'est un mot que j'aime bien car il implique la lecture, donc un certain regard, une certaine approche des êtres et des choses.

La légende est celle de Philémon et Baucis qu'Ovide raconte dans Les Métamorphoses. *Philémon, cet homme qui aime, et Baucis, la "modeste", que les dieux sauvent pour leur générosité et qui sont devenus chêne et tilleul sur le temple. Il me semble que, lorsque nous parlons, je sens en vous cette aspiration à voir dans ce que vous voyez la possibilité d'une métamorphose perpétuelle ? Ne seriez-vous pas inquiet de savoir que les choses peuvent être définitivement arrêtées ?*

Au fond, que cherchez-vous ? Ne serait-ce pas cette "ignorance" dont parle saint Jean de la Croix ? Ce savoir qui est un "non-savoir" ? Ou du moins qui ne sait pas ? Lorsque vous expliquez l'univers et que vous avez l'air si heureux de partager votre savoir, c'est parce que c'est de nous que vous parlez, de nos consciences prisonnières qui ont oublié l'espace et la lumière ?

“Dans vos écrits je sens, me dites-vous, cette aspiration à voir la possibilité d'une métamorphose perpétuelle.” C'est peut-être ce qui me frappe et me réjouit le plus dans la vision du monde que nous laisse entrevoir la science moderne. Cela me rassure infiniment face à la vision qui sévissait au XVIIIe et au XIXe siècle d'un univers dont l'avenir serait parfaitement prévisible et dans lequel rien de “nouveau” n'aurait jamais pu arriver. Je comprends l'exhortation de Baudelaire : “Ô mort, vieux capitaine, il est temps ! Levons l'ancre ! [...] Enfer ou Ciel, qu'importe ! pour trouver du nouveau !”

Sous l'œil inquisiteur des différentes disciplines scientifiques : physique, chimie, biologie, la nature nous livre progressivement les modes de son fonctionnement. Une expression le qualifie bien : “arborescence des possibles”. Tout événement qui arrive dans la réalité ouvre la possibilité d'une vaste gamme de nouveaux événements. Ceux-ci se produiront ou ne se produiront pas selon la contingence. Ces nouveaux événements réalisés engendrent à leur tour une nouvelle fourchette, *ad infinitum*. Une météorite fait basculer l'axe de la Terre et provoque le cycle périodique du froid et du chaud à la surface de la planète. Sur le thème des saisons, la vie invente une myriade de comportements animaux : migrations, nidifications, hibernations. Et les fleurs s'ouvriront à leurs heures.

Ce mode de fonctionnement en arborescence des possibles implique l'impossibilité radicale de prévoir le futur à long terme. Non seulement pour nous, à cause de notre science limitée, mais intrinsèquement. L'avenir n'est écrit nulle part.

Pourtant, malgré sa dimension d'aléatoire, j'ai l'intime conviction que cette histoire va quelque part. Elle est comme poussée de l'intérieur par ce qu'on pourrait appeler, faute de mieux, l'omniprésent levain de la complexité croissante. Ce levain utilise les forces de la nature et tire parti des contingences. Il fait "feu de tout bois". Sous son égide, les atomes d'hydrogène et d'oxygène s'associent pour faire des molécules d'eau dans les débris d'étoiles explosées, et les cellules se fédèrent en organismes multicellulaires dans l'océan primitif de la Terre. Grâce à la chute d'une météorite au Mexique, il y a 65 millions d'années, les mammifères se différencient et, dans leur lignée évolutive, apparaît le cerveau humain. C'est le même levain cosmique qui pousse obscurément chaque être à persister dans l'existence, à développer ses facultés, à avoir des enfants auxquels, génétiquement et culturellement, il transmet ses acquis.

Votre question parle de "ce savoir qui ne sait pas". J'espère ne pas déformer votre idée en l'interprétant comme un savoir intérieur opérationnel, mais non conscient, que je relierais encore volontiers à l'activité du levain cosmique. Au niveau le plus physiologique, il se loge, par exemple, dans les cellules de mon système digestif qui manipule une chimie extrêmement complexe, qui détecte les produits ingérés et met en fabrication les protéines spécifiques requises, sans que j'en aie la moindre notion. Les oiseaux migrateurs utilisent le champ magnétique terrestre et la polarisation du ciel pour retrouver leur aire de nidification. Au niveau de la personne humaine ce levain inspire et guide la créativité du chercheur scientifique, celle du peintre du dimanche, tout comme celle de Ludwig van Beethoven.

Vous écrivez encore : "C'est de nous que vous parlez, de nos consciences prisonnières qui ont oublié l'espace et la lumière." J'aime raconter comment nos vies s'insèrent dans une dimension qui dépasse infiniment le cadre de nos soucis quotidiens et de nos ambitions particulières. Nous nous inscrivons dans un grand mouvement d'évolution qui se poursuit depuis des milliards d'années et sur des milliards d'années-lumière. Vue sous cet angle, notre existence est une chose sérieuse qu'il importe de prendre au sérieux.

Parenthèse : sans vouloir faire de généralités abusives, il m'a toujours semblé que la conscience de l'importance de la vie à vivre et la volonté d'y accorder la plus grande attention est plus présente dans le monde féminin que dans le monde masculin.

Je n'ai pas été étonné de découvrir dans les résultats d'une enquête menée par une chaîne de télévision que les femmes préfèrent les émissions de reportages et de documentaires alors que les hommes préfèrent les émissions sportives.

À cette notion du "levain cosmique", de cette arborescence des possibles, source de perpétuelles et imprévisibles métamorphoses, se rattache également ce que nous pouvons appeler le "risque" fondamental de la réalité. Si ma mémoire est bonne, la phrase "Il vaudrait mieux pour Dieu qu'il n'existe pas" est d'Albert Camus. Devant les spectacles d'horreurs qui se succèdent sans trêve dans nos journaux télévisés, les Rwandas et les

Bosnies inlassablement répétés, ces mots s'imposent quelquefois à nous. Comment réagir devant cet immense ratage humain qui tisse la trame de nos livres d'histoire, où guerres, oppressions et massacres sont monnaie courante ? Comment juxtaposer et réconcilier la "belle histoire" de la complexité croissante avec la sombre et souvent sordide tragédie humaine ?

J'ai souvent posé cette question à mes amis de foi religieuse. La meilleure réponse, à mon avis, fut la suivante : "C'est le prix de la liberté. Dieu, en faisant l'homme libre et en acceptant de jouer le jeu jusqu'au bout, se liait les mains et s'interdisait d'intervenir pour stopper même l'horreur."

Dans une optique moins religieuse, je paraphraserais cette réponse en termes de cette imprévisibilité de l'évolution cosmique. Quand on atteint le niveau humain, là où les mots "bien" et "mal" prennent leurs assises, cette liberté de la nature face à son devenir implique le risque du non-sens et de l'absurde. Une guerre nucléaire bien conduite pourrait éliminer la vie sur la Terre.

Puisque vous parlez de femme – et que j'en suis une –, j'aimerais reprendre votre parenthèse, l'ouvrir encore et m'arrêter sur cette idée que vous avancez l'importance (pour la femme) de la vie à vivre et la conscience à y accorder". J'ai devant moi un sablier bleu et j'écoute un air de Figaro *et je n'ai rien envie de faire que de regarder ce sablier et d'écouter cette musique. Mais cela va cesser, parce que cela est joliment éphémère. Pourtant je pourrais voir et entendre tout cela "en boucle" et m'enfermer dans cet espace-temps pour mourir plus doucement en rêve. Alors la femme aurait-elle une conscience plus intime d'un temps inscrit dans la rondeur du jour ? Je connais peu d'hommes qui ont un tel rapport aux choses et aux êtres, du moins en apparence. Qu'en est-il pour vous ? Y a-t-il des activités qui vous posent ainsi, près de cette réalité-là ? Avez-vous lu ce très beau livre d'un auteur contemporain, Eugène Savitskaia,* En vie *? Il décrit des activités domestiques, mais cela ne serait rien. C'est beaucoup plus que cela. Peut-être un art de comprendre la vie.*

Ce qui me pose près de cette réalité, c'est plutôt l'inactivité. C'est-à-dire la coupure par rapport aux "choses à faire". Je retrouve le rythme du temps qui passe en m'immergeant dans le monde végétal : les sous-bois épais, les marécages grouillants. Je m'y enfonce en créant un silence intérieur qui ouvre la porte aux voix extérieures. Le monde végétal me parle et m'apaise. C'est là que je retrouve au mieux le sentiment d'exister, d'être au monde, et d'arrêter la course effrénée du temps.

La nature de notre relation aux arbres est mystérieuse. Les arbres sont à la fois intensément présents mais jamais envahissants, jamais perturbants. Contrairement aux êtres humains qui nous astreignent à nous extraire de notre monde interne, à nous mettre en représentation et en interaction, ils créent une nouvelle intimité en nous-mêmes, enrichie de leurs présences.

Dans une autre vie (si notre "karma" nous en accorde une autre), j'aimerais être un arbre. Je choisirais le cèdre du Liban. C'est pour moi l'arbre "par excellence" ! J'en connais plusieurs en France et en Suisse ainsi que sur le campus de Berkeley en Californie. Mes favoris sont devant les bâtiments du Gatt, sur les bords du lac Léman. Ce sont de vieux amis. J'en ai planté plusieurs à Malicorne. Ils atteignent maintenant dix mètres de haut. Je vais les voir souvent, à toutes heures du jour, surtout la nuit, où leur présence devient particulièrement intense.

Les séquoias imposants créent également une formidable impression. À mes amis qui partent pour l'Amérique, je dis : "Il y a un lieu à visiter à tout prix : les forêts de séquoias de la Californie." Entre les troncs immenses qui s'élèvent plus haut que les clochers de Notre-Dame, les promeneurs déambulent d'un pas recueilli et parlent à voix basse. Comme dans une église gothique, les lieux sont imprégnés de sacralité.

Le *Ginkgo Biloba* n'a ni la majesté des cèdres du Liban ni la forme harmonieuse du séquoia. Pourtant il me touche beaucoup. Est-ce de savoir qu'il est l'ancêtre de tous nos arbres, qu'il a survécu à d'innombrables changements et catastrophes depuis plus de 250 millions d'années ? De même, la forte impression que nous procurent les rues d'Istanbul ou de Jérusalem n'est pas sans relation avec notre mémoire de la profondeur historique de ces lieux.

Si j'osais, je vous appellerais, pour reprendre Jean Giono, "l'homme qui aimait et plantait des arbres". Je comprends combien importe pour vous l'existence d'un espace privé où nul n'a accès. Mais fuiriez-vous les hommes à ce point et les arbres seuls ont-ils le secret de votre être… Croyez-vous qu'il n'y ait pas d'êtres ou monde avec qui la présence soit possible ? Cette présence des arbres dont vous parlez si bien ? Une présence où le silence n'est jamais une question, où les questions se posent dans l'évidence. Et puis, quand bien même le partage tel que vous le posez serait impossible avec les hommes, n'est-ce pas merveilleux parfois d'être perturbé par l'impétuosité des autres qui nous rappellent que nous pouvons bien aimer sans tout perdre de notre secret rapport au monde. À quel moment, vous, avez-vous besoin des hommes comme vous avez le souci des arbres ?

Peut-être mes propos sur les arbres donnent-ils l'impression que je fuis la présence des être humains. Rien ne pourrait être plus faux. Je n'ai rien d'un misanthrope. Mes amis et surtout mes amies constituent mon trésor le plus précieux, bien au-delà de mon attachement à ma profession. Plusieurs m'accompagnent depuis mon enfance.

Je vais vous raconter une anecdote qui m'a beaucoup marqué. J'ai environ 10 ans. C'était l'hiver à Montréal. Je grimpe sur les bancs de neige au bord des rues de la ville. Dans la nuit presque tombée, une fenêtre illuminée attire mon attention. À l'intérieur, les lumières des sapins de Noël clignotent et scintillent. Il y a des mamans, des gâteaux et des enfants qui chantent. La tiédeur du lieu contraste avec le vent froid qui me fouette la figure. Je voudrais être là. Rien de tel dans ma famille où les études sont la seule et hégémonique préoccupation. J'ai soudainement l'impression de passer à côté de la vie.

Cette image de la fête d'enfants par ce jour de vents glacés me revient souvent en mémoire. Elle a provoqué chez moi une volonté farouche de vivre et de créer de la vie. Elle m'a soutenu à certains moments où, débordé par mes émotions, j'ai été tenté de m'enfermer dans mon cocon. J'ai un pressant désir d'être effectivement touché par les êtres humains. Mais, en parallèle, j'ai besoin de la présence des arbres comme refuge et comme compensation. Ils représentent selon votre belle expression "mon secret rapport au monde".

III

Entretien avec

Véronique Chica

Vous êtes l'antithèse du savant qui ne sort jamais de sa tour d'ivoire. Partager et transmettre l'émotion que suscitent en vous les avancées de l'astrophysique me paraît être le leitmotiv de votre démarche. L'importance que vous accordez aux différentes facettes de la réalité, le soin que vous prenez à ne jamais fournir d'explications trop hâtives vous singularise. Nécessité omniprésente de prendre du recul. Respiration. Je songe parfois aux générations précédentes qui n'ont pas eu la chance de découvrir les superbes images que les nouvelles technologies nous donnent à voir. Imaginons un instant l'émoi de Galilée, de Kepler, de Newton, de Bruno – pour ne citer qu'eux – s'ils pouvaient prendre connaissance des fabuleuses avancées des sciences contemporaines ou même se rendre dans l'espace !

Grâce à l'exemple bénéfique d'une grand-mère conteuse, je prends beaucoup de plaisir à raconter des histoires. Enseigner m'a toujours apporté beaucoup de gratification. Je le fais spontanément et à beaucoup de niveaux différents, de l'école maternelle à l'université. Je me suis souvent adressé à des auditoires de prisonniers.

Je pense que les scientifiques ont le devoir social de transmettre les acquisitions de la recherche à tous ceux qui s'y intéressent. D'une part parce que les recherches sont financées par les deniers publics et qu'il convient de renvoyer l'ascenseur. Mais surtout parce que la science fait partie de la culture dont il faut faire profiter l'humanité. J'ai la grande chance de voir coïncider ce que j'aime faire avec ce que je pense que je dois faire.

Les progrès des sciences auraient sans doute profondément réjoui tous ceux qui se sont posé des questions sur ce mystérieux univers dans lequel nous vivons. Personnellement, je suis profondément frustré à l'idée que les découvertes scientifiques vont se poursuivre sans que je le sache. L'annonce de projets futurs dont les résultats ne seront pas disponibles avant de nombreuses années me fait prendre conscience des années qui s'accumulent et me priveront sans doute du plaisir d'en prendre connaissance !

Les nouvelles connaissances scientifiques ne se contentent pas d'augmenter l'étendue de notre savoir. Elles ont parfois des implications philosophiques qui peuvent influencer le mode de la pensée humaine. Elles peuvent bouleverser notre vision du monde.

Ajoutons cependant qu'elles ne répondent pas pour autant aux éternelles questions du sens de notre existence. Sur ce plan, nous n'avons pas plus de réponse que les peintres de Lascaux. En aurons-nous jamais ? J'en doute.

Pourtant, grâce à l'exploration scientifique du monde, le cadre dans lequel s'inscrit cette quête de sens s'est considérablement enrichi au cours des derniers siècles. Plusieurs conceptions simplistes ont été renversées par les observations toujours plus lointaines du cosmos. Si nous ne savons pas ce que nous sommes, nous savons de mieux en mieux ce que nous ne sommes pas. La quête de sens est relancée sur de nouvelles bases.

Sigmund Freud a décrit les trois chocs que les progrès scientifiques ont assenés à notre conception du monde. Grâce aux observations astronomiques de Kepler, de Tycho Brahe et de Galilée au début du XVIIe siècle, l'image de la Terre comme centre de l'univers s'est effacée pour laisser place à l'image d'un cosmos gigantesque que les observations des télescopes modernes contribuent encore à agrandir.

Les êtres humains se perçoivent maintenant comme les habitants d'une planète minuscule orbitant autour d'une étoile ordinaire à la périphérie d'une galaxie comme il y en a des milliards. Dépassant le cadre purement scientifique, ce "choc astronomique" a puissamment influencé toute la pensée philosophique. Le XIXe siècle a vu Darwin provoquer le "choc biologique" en mettant en évidence notre ascendance animale et Freud provoquer le "choc psychologique" en découvrant au cœur de la psychée humaine le gouffre de l'inconscient.

Ces trois coups successifs allaient débouter l'humanité de ses prétentions traditionnelles et lui présenter, comme dans un miroir, une image beaucoup plus modeste d'elle-même.

L'astronomie du XXe siècle devait à son tour détrôner une autre vision de notre rapport au monde. Celle qui faisait de nous de purs "étrangers" sans relation avec le reste de l'univers. L'histoire de la croissance de la complexité, à partir de l'état chaotique dans lequel l'univers se trouvait à ses débuts jusqu'au haut sommet d'organisation que présente le cerveau humain – histoire qui implique aussi bien l'activité des galaxies, des étoiles, des planètes que celle des noyaux des atomes et des molécules –, nous resitue dans l'univers. Nous ne sommes pas le centre du monde, mais nous nous situons très haut dans l'échelle de la complexité cosmique. Nous nous inscrivons dans une aventure qui dure depuis 15 milliards d'années et qui s'inscrit elle-même dans des dimensions de milliards d'années-lumière. Pascal aurait sans doute été ravi d'apprendre que les espaces "infinis" ne sont pas vides mais bourdonnent de phénomènes auxquels nous devons notre existence elle-même. Cette histoire, fondée sur des arguments scientifiques recevables pour un esprit critique, ne mérite-t-elle pas d'être racontée ?

Vous enseignez, écrivez sans relâche et prenez toujours grand soin d'apporter des éléments susceptibles d'induire une réflexion personnelle. Pensez-vous que vos lecteurs vous comprennent ? Est-ce important pour vous ? Comment ressentez-vous la place qu'occupent les astrophysiciens – et les scientifiques en général – au sein de notre monde actuel ? J'ai en mémoire une de vos conférences : vous vous insurgiez contre la tendance de nos contemporains à rechercher du "prêt-à-penser". Ne vous lassez-vous pas des questions qui positionnent les chercheurs au statut de nouveaux "gourous" ?

Le mot "comprendre" n'a pas le même sens pour tout le monde. Certains lecteurs exigent des preuves scientifiquement convaincantes. C'est pour eux que je trace des pistes rouges ou des appendices plus approfondis.

Nombreux sont ceux qui, sans avoir un niveau scientifique très élevé, sont possédés par une grande curiosité pour la nature et ont envie de pénétrer toujours plus avant dans les mystères du cosmos. Il s'agit souvent de personnes âgées, de conditions souvent très modestes, ouvriers à la retraite ou mères de famille, qui trouvent, enfin, le loisir de se livrer à cette occupation dont ils ont si longtemps rêvé. Avec en prime le bonheur d'accéder à des domaines qui leur paraissaient bien au-delà de leurs capacités intellectuelles et de se sentir "intelligents".

Nombreux aussi sont ceux qui aiment tout simplement qu'un astronome leur parle des étoiles. Les photos commentées des nébuleuses colorées et des somptueuses galaxies les charment et les transportent comme une musique. Pouvoir suivre la séquence des mots et des images leur suffit amplement. Contester ou critiquer les affirmations du conférencier ne leur vient pas à l'idée.

Rien là de répréhensible. Bien au contraire. Pourtant cette mise en veilleuse de leur sens critique peut parfois leur jouer de mauvais tours. "Voilà ce que j'ai retenu de vos paroles", me dit-on quelquefois après une conférence alors que je me suis évertué à expliquer le contraire. "À quoi bon faire des conférences", me dit d'abord une voix intérieure. Et puis ensuite : "Dans le fond, quelle importance si ces personnes n'ont pas de responsabilités scientifiques et viennent ici pour leur pur plaisir ?"

Il y a aussi ceux qui veulent à tout prix entendre la confirmation de leur idéologie personnelle. Ils font feu de tout bois et vont jusqu'à inverser les arguments. Un soir j'entends : "Enfin les scientifiques reconnaissent l'existence de Dieu." Quelques minutes plus tard, un autre me dit : "Vous m'avez confirmé dans mon athéisme militant." "En tant que maoïste, je regrette seulement que vous n'ayez pas cité Lénine et Mao !"

Doit-on pour autant cesser de vulgariser la science, privant ainsi une majorité de bonne foi pour une minorité litigieuse ? Tout en étant conscient des risques que cela implique, j'ai fait le choix de continuer.

Plusieurs responsabilités importantes incombent au vulgarisateur : faire comprendre que le discours scientifique n'est pas un "discours de vérité". Rien n'est jamais définitivement acquis. Les théories sont toujours passibles de modification au gré des observations nouvelles. Il s'agit de présenter au public ce qui, à un moment donné, paraît le plus plausible aux yeux du monde scientifique. Le fameux "consensus". Même si nous savons que dans le passé il a déjà erré lourdement.

Autre responsabilité du vulgarisateur : être honnête, respecter le public et ne pas lui faire passer pour universellement reconnues des théories scientifiques qui lui seraient purement personnelles. Ses auditeurs ne sont généralement pas en mesure de faire la part des choses.

La tendance est souvent forte de considérer les scientifiques comme des gourous détenteurs de vérités, de les inviter à s'asseoir dans les chaires maintenant inoccupées de nos cathédrales. L'affaiblissement de l'aura des religions traditionnelles a laissé un grand vide idéologique.

Un autre message à faire passer : la science est incapable de répondre aux questions fondamentales de l'existence : Dieu existe-t-il ? Quel est le sens de notre existence ? Qu'y a-t-il après la mort ? À chacun de chercher les réponses qui lui conviennent sans s'appuyer sur les béquilles des certitudes imposées. Devenir adulte, c'est apprendre à vivre dans le doute et à développer, au travers des expériences, sa propre philosophie, sa propre morale. Éviter le "prêt-à-penser".

Trop souvent la vulgarisation scientifique est porteuse d'un message négatif : "C'est trop fort pour vous, vous ne pouvez rien y comprendre." Et en parallèle d'un message politique : "Faites confiance à ceux qui savent, laissez-les décider pour vous." Technique largement utilisée par les technocrates du nucléaire, civil ou militaire, à la fois juge et partie.

Le fonctionnement normal de la démocratie impose à chacun un minimum de connaissances sur des sujets quelquefois difficiles : les sources d'énergies, les manipulations génétiques. Dans ce contexte, la diffusion des connaissances prend une importance sociale considérable. Il ne s'agit plus seulement d'enrichir la "culture de l'honnête homme".

Les œuvres anciennes peuvent nous émouvoir profondément. Nous prenons alors conscience qu'un inconnu se posait la même question ou ressentait la même émotion plusieurs siècles, voire plusieurs millénaires avant notre naissance ! Comment ne pas être pris de vertige. Cette personne nous parle, au-delà du temps, et nous devient plus proche. Les intuitions des uns guident les découvertes des autres. Lentement, la pensée humaine s'élabore. Les travaux des générations précédentes ont-ils beaucoup guidé votre propre réflexion ? Avez-vous à cœur d'en conserver la trace ?

J'aime lire les écrits de tous ceux qui se sont penchés sur ce monde mystérieux dans lequel nous sommes entrés au moment de notre naissance, et qui ont cherché à le comprendre. Il est effectivement extraordinaire de réaliser que, grâce à leurs écrits, nous pouvons entrer en contact avec ces penseurs qui depuis longtemps sont retournés en poussière. J'éprouve le même sentiment en écoutant la musique de Schubert par exemple qui, au-delà de la mort, nous parle à l'oreille. Quand nous lisons ou écoutons ces penseurs, ils reprennent vie, et la mort est vaincue.

Que nous ont apporté tous ces penseurs qui, comme nous, se posaient des questions sur le cosmos ? Si la connaissance scientifique a beaucoup progressé, pouvons-nous en dire autant de la pensée philosophique ? Sommes-nous plus avancés que les philosophes grecs présocratiques ?

Je pense que la réponse est positive. La pensée philosophique ne progresse pas d'une manière additive comme la science. Mais plutôt comme une exploration territoriale. À un moment donné de l'histoire humaine et dans le cadre des connaissances scientifiques connues à cette époque, un philosophe réfléchit et sa pensée va influencer celle de tous ses successeurs. Chacun laisse sa trace. On ne pense pas le monde après Platon ou Kant comme on le pensait avant les travaux de ces philosophes. Les opposants à une école philosophique profitent de cette opposition elle-même pour aller plus loin. Je pense à Aristote par rapport à Platon, et à Kant par rapport à la philosophie scolastique. Même si la pensée philosophique se retrouve quelquefois dans des "culs-de-sac", l'existence même de ces culs-de-sac et la nécessité de les éviter sont un apport positif pour ceux qui veulent poursuivre cette exploration.

Une distinction fondamentale entre la science et la réflexion philosophique est bien résumée dans une phrase de Niels Bohr : "L'inverse d'un énoncé scientifique vrai, c'est un énoncé scientifique faux. En philosophie, l'opposé d'une grande vérité, c'est une autre grande vérité." Par la réflexion philosophique, l'humanité aborde les divers aspects d'une réalité qui nous échappe de toutes parts et qui ne pourra jamais être complètement enfermée dans un système philosophique.

Pour la première fois dans l'histoire de l'humanité, une ébauche de réponse à nos angoisses existentielles se dessine. Elle est plutôt inquiétante. L'avenir de la complexité peut se poursuivre avec ou sans nous. Dès lors, notre interrogation sur le sens ou non de l'existence, si elle reste pertinente, n'est-elle pas devenue un luxe ? Peut-on encore s'en contenter ? "En créant l'être humain, la nature s'est donné un cœur", notez-vous (voir entretien Comte-Sponville). Et une conscience. Que faire ?

Je me risque à prétendre que notre rôle d'être humain, celui que la nature nous assigne, ne me paraît plus équivoque : choisir de s'impliquer activement, continuer de participer à ce processus d'évolution que nous ne comprenons pas, ne pas nous anéantir, ne pas laisser l'univers poursuivre sa route sans nous, prendre soin de notre planète comme une mère veille sur son enfant, mettre tout en œuvre dans ce but, accepter de ne pas "tout savoir", adopter une attitude plus pragmatique dans le doute, créer du sens, en proposer un, là où il n'y en a peut-être pas, être plus en harmonie avec la curiosité qui caractérise notre espèce… N'est-ce pas la seule alternative sérieuse ?

Ayant appris que nous ne sommes pas le centre du monde, ayant compris que nous ne sommes pas le but ultime de la complexité et qu'elle pourrait bien se poursuivre sans nous, nous sommes maintenant très loin de notre orgueil antérieur. Participant un jour à une rencontre sur "l'avenir de l'homme", j'ai fait remarquer qu'il pourrait bien ne pas en avoir du tout. Tout va se jouer dans les quelques siècles qui viennent.

Sur un mode particulièrement dramatique, ces constatations nous ramènent à l'antique question : notre existence a-t-elle un sens ? Si l'humanité était irrémédiablement condamnée à s'exterminer elle-même, une réponse négative s'imposerait. Le spectacle de la croissance de la complexité jusqu'à l'apparition d'un être capable de fabriquer les armes de sa propre destruction, mais incapable de se protéger contre elles, présenterait l'image d'une bouffonnerie cynique.

En dépit des gigantesques progrès des connaissances scientifiques, nous n'avons pas plus de réponse à la question du sens que les civilisations antérieures. Il est à parier que nos successeurs n'en trouveront pas non plus.

Comme vous l'écrivez si bien, la seule attitude possible est de choisir de lui en donner un. C'est-à-dire en pratique de sauver la biosphère pendant qu'il en est encore temps. Et de permettre à nos descendants de laisser mûrir plus avant, en eux, le levain de la complexité à l'œuvre depuis les premiers temps de l'univers.

Vous affichez un optimisme modéré, que je qualifierais volontiers de débonnaire. Quel est le secret de cette "pétillance" communicative et – oserais-je dire – contagieuse ?

Je crois qu'une bonne fée m'a donné, à la naissance, un cadeau inestimable : une sorte d'optimisme invétéré et indéracinable. Face, par exemple, au sens de la réalité. J'ai la foi profonde (comme la foi du charbonnier) que la réalité, la vie, l'univers, quelque part, ont un sens. Je persiste à le croire face aux horreurs vues quotidiennement à la télé. Même si on doit bien reconnaître que l'espèce humaine dans son ensemble a un comportement déplorable, les exemples ne manquent pas à l'échelle individuelle de personnages qui redonnent confiance. Je ne peux croire en écoutant Mozart que l'être humain ne soit que le fruit d'un ensemble de hasards et que sa destinée ne veuille rien dire nulle part.

J'ai depuis très longtemps l'idée que, si je suis intelligent, il y a quelque chose d'au moins aussi intelligent que moi. Et vraisemblablement beaucoup plus. Je dis "quelque chose" plutôt que "quelqu'un" pour ne l'enfermer dans aucun concept, aucun credo. Comme on dit "il" pleut ou "il" vente. Dans notre logique habituelle, à tout verbe est attaché un sujet "qui est-ce qui ?". Mais, sur ce plan, je crois qu'il faut se méfier de la logique. Celle-ci s'est constituée sur des réalités et des raisonnements à notre échelle. Toute extrapolation est hautement hasardeuse.

Ce "il" nous veut-il du bien ou est-il totalement indifférent à notre sort individuel ? Je tourne en rond autour de ces deux possibilités. Je m'échappe de ce cercle vicieux en me disant que les notions de "vouloir du bien" ou "être indifférent" sont également des notions à notre échelle sans extrapolation vers le niveau qui nous intéresse ici. Mais que mettre à la place ?

Je tourne encore en rond au sujet de l'après-mort. Nous savons aujourd'hui que l'espèce humaine est issue d'espèces antérieures et que le nombre d'espèces animales sur la Terre se chiffre par millions. Si les humains ont droit à une quelconque "résurrection", on peut supposer que ce privilège ne leur est pas réservé. Mais l'idée que même les bactéries soient de la partie paraît-elle raisonnable ? Par ailleurs, même si on classe avec raison l'espèce humaine parmi les autres espèces vivantes, elle en diffère si considérablement qu'elle a peut-être droit à un statut différent. Quelle espèce animale a réussi à percer les secrets de l'infiniment petit et de l'infiniment grand ? Quelle espèce compose de la musique ou peint des tableaux ? Quelle espèce est capable de prendre conscience d'elle-même ?

Mais qui sait ce qui se passe dans la tête d'un chat ? En nous accordant un statut spécial, ne sommes-nous pas à la fois juge et partie ? Les critères de supériorité sont ceux que nous définissons nous-mêmes. Et on continue à tourner en rond.

À la fin de votre très beau recueil L'espace prend la forme de mon regard, *vous affirmez : "J'ai l'intime conviction que la relation aux autres êtres – nos compagnons de voyage – est l'élément à la fois le plus mystérieux et le plus significatif de notre vie personnelle et en définitive de l'évolution cosmique."*

Un jour dans le métro, je remarque une jeune femme assise en face de moi. Nos regards se croisent un court instant. Puis elle plonge la tête dans son livre et moi dans le mien. Après un instant, je relève la tête pour la regarder à nouveau. Elle a fait la même chose. Sans un sourire, sans un mot, nos yeux se quittent et se retrouvent de nombreuses fois. Au moment où la voiture s'arrête dans une station, en se préparant à la quitter, elle dit : "Je dois descendre à cette station." Je ne l'ai jamais revue.

Cette rencontre on ne peut plus brève m'a profondément réjoui. Deux êtres poursuivant leur trajectoire individuelle entrent par hasard en contact. Ils prennent une conscience active de leur existence mutuelle. Un échange unique se produit par le regard. Les seuls mots prononcés exprimaient la déception de ne pas le poursuivre plus longtemps.

Les rencontres, amicales ou amoureuses, me paraissent être un élément fondamental de la réalité. Pour en percevoir la portée, replaçons-les dans un contexte élargi de temps et d'espace. Reculons loin dans le passé pour en retrouver les antécédents. Retournons jusqu'au Big Bang, au moment où l'univers se présente dans un état de chaos total. Au long de milliards d'années, les étoiles vont préparer les atomes qui, sur la Terre, vont s'assembler pour donner naissance à deux êtres humains. La rencontre, c'est l'événement par lequel ils se rejoignent et prennent conscience de leur existence mutuelle.

Comment la conscience est-elle apparue au cours de l'évolution ? Quel avantage adaptatif a-t-elle apporté à ceux qui en sont nantis, pour survivre dans un monde hostile ?

Les développements rapides de l'"intelligence artificielle" nous permettent d'envisager la mise au point de robots aussi intelligents que nous. Seront-ils pourvus de conscience ? Seront-ils en mesure de dire "j'existe" ? Et à quoi cela leur servirait-il ? Jusqu'à nouvel ordre, les ordinateurs sont incapables de rencontre au sens humain du terme.

Et à nous, à quoi sert-elle ? Dans un premier temps à savoir que nous allons mourir. "*Fleurs de cerisiers – qui ne connaissez le printemps – que depuis cette année. – Puissiez-vous ne jamais apprendre qu'un jour vous devrez tomber*" (poème de Kino Tsurayuki). Les ordinateurs qu'on débranche n'ont pas connu pendant leur existence l'angoisse de la mort. Mais, en contrepartie, ils ne pleurent pas la disparition de leurs confrères.

Sans cette aptitude à prendre conscience de notre propre existence et de celle des autres (et en parallèle de savoir que nous allons mourir), toute rencontre serait impossible. L'immense richesse du monde des amitiés et des amours nous serait inaccessible. Il nous manquerait le sel de l'existence.

L'esprit de synthèse qui vous caractérise n'a de cesse de nous rappeler que "les choses sont toujours beaucoup plus reliées qu'on ne le pense". Cette idée m'inspire beaucoup. La spécialisation croissante qui envahit l'ensemble des activités humaines nous empêche de les appréhender dans leur globalité.

Votre optique habituelle vous a conduit à poursuivre un dialogue avec un psychanalyste québécois, Guy Corneau, pour tenter de situer l'homme dans l'univers et l'univers dans l'homme. Pourriez-vous nous parler de cet échange ?

J'ai l'intime conviction que tous les discours nous apprennent quelque chose sur les innombrables facettes de la réalité du monde. Aussi j'aime essayer de réconcilier dans ma tête les apparentes contradictions qu'ils présentent parfois. Je suis souvent attristé par le mépris manifesté et par les anathèmes jetés par les représentants des différentes démarches. Il y a là, à mon avis, un immense gaspillage de temps et d'énergie et un frein à la progression de notre effort mutuel pour avancer dans la compréhension du monde.

Le premier conflit que j'ai rencontré sépare la psychanalyse de la science dite officielle. J'ai découvert Freud et la psychanalyse pendant la période de mes études universitaires. Avec plusieurs amis, nous avons décidé d'étudier en commun l'*Introduction à la psychanalyse*. Chaque semaine, nous lisions un chapitre dont nous discutions ensemble le dimanche matin.

La découverte de l'inconscient a été un grand moment de ma vie. Comme Christophe Colomb a découvert l'Amérique, Freud a découvert un continent tout aussi immense et tellement plus mystérieux à l'intérieur de chacun de nous !

Alors qu'en semaine la physique me permettait d'étudier le monde extérieur – étoiles et galaxies –, la psychanalyse du dimanche me permettait d'explorer le monde intérieur tout aussi mystérieux. Elle me procurait un éclairage précieux sur mes difficultés de vivre, mes tensions et mes conflits ! J'en étais littéralement émerveillé.

Mon étonnement à cette époque a été de constater le mépris dans lequel plusieurs de mes collègues scientifiques tenaient la psychanalyse. "Ce n'est pas une science, disaient-ils. Les rêves ne se prêtent pas à des mesures de laboratoire et à des résultats chiffrés. Ils ne sont pas répétables."

Les diverses tendances psychologiques sont également le lieu d'un conflit stérilisant : psychiatrie contre psychanalyse, Freud contre Jung, etc. J'ai découvert Jung au moment d'une très grande crise intérieure. Son approche moins réductionniste que celle de Freud, sa vision intégrée du Moi et du monde m'ont séduit et considérablement aidé à reprendre goût à la vie. Qu'est-ce que les grands mythes des littératures traditionnelles peuvent nous enseigner sur le fonctionnement de la psychée humaine ? Que pouvons-nous récupérer à notre profit ? En se penchant sur les écrits ésotériques généralement méprisés par la communauté scientifique, Karl Jung a fait un immense travail de pionnier, même si quelquefois ses conclusions paraissent prématurées.

Je me suis lié d'amitié avec plusieurs psychanalystes. J'apprécie leur regard sur le monde. J'ai beaucoup appris à leur contact. J'ai accepté avec enthousiasme la proposition de faire avec le psychanalyste québécois Guy Corneau des conférences conjointes. Le thème est "l'homme et l'univers". L'astronomie nous parle de ce monde extérieur *dans* lequel nous vivons ; la psychanalyse de ce monde intérieur *avec* lequel nous vivons. Le but est de se situer à la frange de ces deux mondes pour les observer d'un regard parallèle. Le rapprochement de ces deux disciplines peut enrichir notre recherche d'une vision intégrée du cosmos et de nous-mêmes. Elle s'inscrit tout à fait dans l'esprit de la tentative jungienne de relier l'évolution de la psychée humaine à l'évolution du cosmos.

Ajoutons que cette démarche n'est pas sans danger. Elle ne doit pas correspondre à une absence de rigueur qui marque trop de tentatives du même genre. Pour ne pas tomber dans ce piège, il importe de conserver son "esprit critique". La difficulté est de naviguer correctement entre les récifs d'un scientisme étroit et ceux d'un imaginaire débridé.

Vous confiez à Sylvie Bonnet vous sentir plus à l'aise dans le monde féminin. Cette affirmation m'intrigue. Le mot "monde" m'amuse ! Vous ajoutez que "les femmes ont une conscience de l'importance de la vie à vivre et la volonté d'y accorder la plus grande attention". Je me retrouve bien dans cette phrase qui éveille ma curiosité. Je songe à une phrase de Lacan, lancée sur un mode provocant : "Les femmes n'existent pas."

La prédominance des valeurs masculines dans l'histoire de l'humanité n'est plus à démontrer. Si je ne vois guère l'intérêt de remplacer le mode de fonctionnement patriarcal par un matriar-

cat tout aussi arbitraire, je suis persuadée qu'une plus grande harmonie entre les émotions des deux sexes doit être instaurée.

Françoise Héritier, dans son récent livre Masculin-Féminin *(Odile Jacob, 1996) suggère une très belle idée : La différence des sexes structure la pensée humaine. "Si tout s'organise autour de la complémentarité homme-femme, une nouvelle "propriété émergente" (pour reprendre un terme qui vous est cher) permettrait de mieux gérer l'avenir et peut-être d'élaborer ces nouvelles valeurs que nos sociétés recherchent avec tant de frénésie.*

Peut-on vraiment résoudre les problèmes qui se posent à l'échelle planétaire sans laisser s'exprimer librement la sensibilité féminine – moitié de l'humanité ?! Le terme de "lente gestation cosmique" que vous employez pour nous conter la belle histoire de la croissance de la complexité me paraît être, à cet égard, hautement significatif !

J'ai axé la réponse à cette question autour de la phrase de Lacan : "Les femmes n'existent pas". Il faut bien sûr tenir compte, comme vous dites, du "mode provocant" que Lacan affectionnait mais, au-delà de cela, que voulait-il dire par là ?

Je vois deux interprétations différentes qui d'ailleurs ne sont pas incompatibles. Elles touchent toutes les deux aux rapports si difficiles entre les hommes et les femmes, et à la nécessité de prendre vraiment conscience de cette difficulté pour qu'il y ait quelque espoir d'améliorer la situation. Je ne dis pas résoudre le problème c'est-à-dire effacer cette tension qui "structure la pensée humaine". Il s'agit plutôt d'arriver à modifier cette relation pour qu'elle devienne une source de richesse pour l'humanité.

La première interprétation se décrirait en ajoutant trois mots à la phrase : "Les femmes n'existent pas *pour les hommes*". Elle ferait référence à la grande difficulté que rencontre chaque homme à accepter d'une façon concrète et opérationnelle (c'est-à-dire pas seulement dans sa tête) l'existence des femmes en dehors de ses demandes à lui. Le psychanalyste Élie Humbert utilisait dans le même sens les mots "sujets" et "objets". Reconnaître que les femmes ne sont pas simplement des objets (ce terme s'étend ici bien au-delà de la seule sphère sexuelle) mais aussi des sujets. Qu'elles ont une réalité indépendante des fantasmes masculins et qu'elles peuvent avoir leurs propres fantasmes.

De toute évidence cette difficulté à reconnaître aux femmes le statut de sujet nous ramène à la relation mère-enfant. La mère enveloppe l'enfant de toutes parts, circonscrit sa réalité, s'identifie à son univers. "Ils cherchent tous leur mère", me disait une amie déçue par ses nombreuses expériences de couple. La grande aventure humaine pour un homme consiste à se libérer de sa dépendance infantile sans "jeter le bébé avec l'eau du bain". C'est-à-dire à reconnaître aux femmes le droit à l'existence au sens fort du mot.

La deuxième interprétation du mot de Lacan s'exprimerait dans les termes suivants : "Les femmes n'existent pas *sans les hommes*." La relation masculine est essentielle à l'épanouissement féminin. Nous retrouvons là les propos de Françoise Héritier. La jonction fructueuse des éléments masculins et féminins délivrés de la dépendance névrotique porte l'espoir de résoudre les énormes problèmes qui se posent aujourd'hui à l'humanité.

La deuxième partie de votre question porte sur le rôle des valeurs masculines et féminines. Pour en discuter, il faut d'abord faire un retour dans le passé.

La survivance précaire des sociétés primitives n'aurait pas été assurée sans l'activité des chasseurs et des guerriers. La défense du territoire, condition essentielle à l'organisation de la vie, entraînait la sacralisation des valeurs guerrières. Aujourd'hui, la situation est différente. La vie humaine n'est plus menacée. Avec l'élevage et l'agriculture, la nourriture ne pose plus de problèmes. Loin de chercher à exterminer les bêtes sauvages, on tente maintenant d'en préserver les derniers survivants. En contrepartie, l'industrialisation à outrance ravage notre habitat et les armes nucléaires menacent l'existence de la vie terrestre.

Il faut maintenant renoncer non seulement à la guerre mais aussi à la croissance économique. Réaménager l'industrie dans une perspective écologique.

Sur ce plan, la situation s'améliore progressivement. Les temps où les dirigeants, César ou Napoléon, se valorisaient par leurs hauts faits guerriers sont bien révolus. Dans nos pays, comme les pompiers, les militaires sont appelés en cas d'urgence. En économie, le concept de développement durable prend une importance toujours accrue.

Comme la femme enceinte ne sait pas ce que son ventre prépare, nous ignorons quelles merveilles peuvent encore surgir du développement de la complexité cosmique. Comme elle, notre devoir est d'accorder à cette gestation les meilleures conditions possibles d'émergence.

Votre profession vous confronte à des énigmes que l'astrophysique n'a pas résolues à ce jour. Je pense, par exemple, aux sursauts gamma, au flux de neutrinos solaires ou bien encore à la matière sombre. Êtes-vous hanté par l'une d'entre elles ? Y a-t-il un mystère qu'il vous tient à cœur de résoudre ?

Voici un ensemble de problèmes d'astrophysique qui me préoccupent particulièrement. Je commence par ceux que nous avons quelque espoir de résoudre assez prochainement. Je passerai ensuite aux plus difficiles, ceux que nous ne saurons peut-être jamais résoudre. Ce qui ne nous empêchera pas d'y travailler.

1. Nous savons depuis de nombreuses années que le Soleil émet des neutrinos. Mais le flux observé est nettement inférieur au flux calculé à partir de nos modèles solaires. Il y a deux explications possibles : soit nous connaissons mal les propriétés du Soleil, soit nous connaissons mal celles des neutrinos. On semble se diriger vers la seconde hypothèse.

2. Les sursauts gamma sont de courts "flashes" de rayonnement électromagnétiques de grande énergie qui nous arrivent de l'espace extragalactique. Ils semblent provenir d'explosions de supernovæ, mais nous ne connaissons pas le mécanisme d'émission.

3. La nature de la matière cosmique nous est largement inconnue. Nos particules familières, électrons, noyaux atomiques, dont nous sommes nous-mêmes composés, n'en représentent pas plus de dix pour cent. La nature de la mystérieuse composante dite “sombre” fait l'objet d'une recherche très active, mais rien ne se profile encore à l'horizon. Une solution pourrait venir d'une reformulation de la théorie de la relativité générale d'Einstein sur laquelle s'appuie l'affirmation de l'existence de cette masse sombre. Mais les espoirs de prendre cette théorie en défaut sont bien faibles ; elle a abondamment fait ses preuves.

4. Comment naissent les galaxies ? Comment émergent-elles du magma homogène initial ? Cette question occupe une fraction importante de la communauté astrophysicienne. Contrairement aux étoiles que nous voyons naître sous nos yeux, les galaxies apparaissent dans le premier milliard d'années de l'univers. Leurs embryons se situent à plus de dix milliards d'années-lumière de nous. D'où la difficulté de les observer et d'établir des scénarios convaincants. Grâce aux progrès récents des technologies astronomiques, ces observations entrent maintenant dans le champ des possibles. Des documents riches d'enseignements ont été obtenus avec le télescope spatial Hubble.

5. En remontant dans le passé, on atteint des températures de plus en plus élevées. Nos théories nous permettent d'explorer le passé jusqu'à une température d'environ 10^{32} degrés, appelée température de Planck. Nous ne connaissons pas les lois qui décrivent le

comportement antérieur de la matière. Cette ignorance nous empêche de remonter encore plus loin dans le passé. De nombreux chercheurs s'appliquent à résoudre cette difficulté. Les solutions pourraient nous éclairer sur les mystères qui entourent la naissance du cosmos.

6. Il y a 4,5 milliards d'années, la Terre se présentait comme une boule de lave incandescente parfaitement stérile. Moins d'un milliard d'années plus tard, une intense vie microbienne existe dans les nappes aquatiques de la surface terrestre. Quels mécanismes physiques ont promu cette métamorphose de la matière inerte en matière vivante ?

7. Quelle est l'origine de la conscience ?

Nous avons quitté notre berceau et commencé la visite de notre système solaire, découvert d'autres galaxies et un univers gigantesque, que notre imaginaire ne peut concevoir. Notre siècle a radicalement bouleversé notre rapport au monde. Nous n'avons peut-être jamais été aussi proches d'apprendre l'existence d'autres êtres vivants, quelque part, près d'un autre soleil. Cette hypothèse ne relève plus de la science-fiction, mais est devenue crédible. Imaginez-vous ce qu'une telle découverte pourrait entraîner ? Pensez-vous que les humains seraient capables de l'assumer ? Les relations que nous entretenons avec les autres espèces qui partagent notre planète, sans parler des rapports avec nos semblables, en disent long.

La possibilité d'une vie martienne, récemment remise à l'ordre du jour par des scientifiques américains, donne à votre question toute sa pertinence.

Plusieurs radiotélescopes ont vainement tenté de percevoir des signaux émis par des extraterrestres. Pourtant des messages sont peut-être déjà en route vers nous, confirmant l'existence d'autres planètes habitées. Il est difficile d'imaginer l'impact qu'une telle information aurait sur la psychée humaine.

Des techniques de décryptage mises au point par les services de contre-espionnage attendent les signaux révélateurs. Seront-elles en mesure de décoder ces messages ?

Pour établir une conversation, la distance pose problème. Chaque aller et retour entre Proxima-Centauri, notre plus proche voisine, prendrait neuf ans ! Imaginons plutôt un long monologue par lequel ces extraterrestres avertis de notre présence nous communiqueraient leur savoir ; l'équivalent de nos encyclopédies. L'impact ne serait pas seulement au niveau des nouvelles connaissances mais aussi (et peut-être surtout) au niveau de l'étrangeté des cadres épistémologiques. Comme le cadre de la physique quantique par rapport à celui de la physique classique.

De ces étrangers, nous voudrions connaître leurs attitudes face aux grandes questions de l'humanité : le sens de la vie, l'existence de Dieu, la mort et son après, les problèmes des relations humaines, les problèmes de la détérioration planétaire par la pollution industrielle. La crise que nous traversons rendrait leurs témoignages particulièrement précieux.

Faut-il souhaiter que ces êtres débarquent en personne sur notre planète ? La transmission de ces informations en serait évidemment beaucoup plus facile. Mais comment se passerait cette rencontre ? Les événements dramatiques qui ont entouré l'arrivée des Européens en Amérique nous reviennent ici en mémoire. Selon certains historiens une rumeur courait chez les Aztèques au sujet de l'existence d'"extraocéaniques" venant par les mers. Ils se préparaient à les recevoir dignement. On connaît la suite de l'histoire.

Des visiteurs extraterrestres seraient forcément en possession d'une technologie bien supérieure à la nôtre. Nous serions à leur merci. Se comporteraient-ils mieux que les colonisateurs des siècles passés ? Pratiqueraient-ils des échanges pacifiques plutôt que des spoliations et des massacres ? On ne peut que le souhaiter.

Sur notre planète de nombreuses cultures respectueuses des êtres vivants ont existé et existent encore. Mais le comportement de notre civilisation occidentale, seule aujourd'hui capable d'envisager des projets de voyages intersidéraux, n'a rien pour nous rassurer... Sa puissance technologique impose partout son hégémonie et éradique systématiquement les cultures autochtones souvent beaucoup plus humaines.

Il est difficile d'échapper à l'idée que ce qui se passe ici se passe aussi ailleurs. La diversité des cultures sur les hypothétiques planètes habitées ne serait-elle pas, comme chez nous, menacée par l'avènement de la puissance technique ? Le paysage culturel d'une planète serait-il "instable" face à l'avènement d'un groupe technologique ?

En peu de mots, une civilisation capable de venir jusqu'à nous est forcément plus avancée que la nôtre sur le plan technologique. Espérons qu'elle saura résister à la tentation du pouvoir.

Pourquoi regrettez-vous de ne pas être musicien, plus spécifiquement violoncelliste ? Au regard de votre brillante carrière et de la passion qui continue de vous animer, un paradoxe s'exprime ici. Serions-nous toujours insatisfaits de nos vies ?

Ma passion pour la musique me pousse à ne pas me contenter de l'écouter. À ne pas être seulement passif mais aussi actif. Je voudrais savoir jouer.

Je regrette beaucoup de n'avoir pas suivi ce désir plus tôt. Depuis quelques années, j'apprends le chant et je chante dans une chorale. J'y prends un immense plaisir. Faire de la musique, c'est recréer le lien avec un homme disparu depuis longtemps, marcher dans ses pas, le retrouver à sa table de travail. Entendre la musique qui se construit et se fixe dans sa forme finale.

J'aime par-dessus tout la musique de chambre. À mon avis, c'est dans ce domaine que les compositeurs ont donné le meilleur de leur génie. Je pense à Haydn, Mozart, Beethoven, Schubert, Schumann, Brahms, Debussy, Ravel, Bartok et Chostakovitch. Mon rêve aurait été de jouer la partition violoncelle d'un quatuor de Schubert ou de Beethoven.

IV

Entretien avec

Charles Juliet

Y a-t-il des œuvres – littéraires ou philosophiques – qui vous auraient profondément marqué lorsque vous étiez jeune ? Si oui, lesquelles ? Que vous ont-elles apporté ?

Je citerai d'abord les contes de Hans Christian Andersen. Je pense en particulier au *Rossignol de l'Empereur.* Le vrai rossignol, oublié quand l'Empereur reçoit en cadeau un automate-rossignol, est celui que l'on recherche quand l'automate s'est enrayé et que le roi va sombrer dans la folie. Une servante le retrouve. Il revient sauver le roi. Ce conte a pris une actualité nouvelle dans le cadre de la pollution de la planète et des menaces que la technologie fait peser aujourd'hui sur la nature elle-même. Andersen était écologique avant l'heure.

La *Cosmographie* de l'abbé Moreux, trouvée dans les coffres du grenier, parmi les livres de classe de mes oncles, a également beaucoup compté pour moi. M'aidant des tableaux du livre, j'ai dessiné une maquette du système solaire où les planètes figuraient à leurs distances respectives. Ma chambre s'avérant trop petite pour disposer les plus lointaines j'ai étendu mon dessin vers la salle à manger et bientôt jusqu'au salon, insistant pour qu'on ne le piétine pas. C'était commode.

Connaissant mon intérêt pour la science, on m'a souvent offert des livres sur la nature : *Les Poissons de nos eaux, Les Microbes,* etc. À ce propos on m'a rapporté un de mes mots d'enfant. Au cours de catéchisme, à l'injonction : "Nommez des êtres invisibles", j'ai répondu : "Dieu, les anges, les démons, les microbes, les chromosomes…"

La Bible a aussi beaucoup marqué mon enfance catholique. J'aimais en particulier l'Évangile de saint Jean. *L'Apocalypse* et les visions d'Ézéchiel me faisaient passer des frissons.

Parmi d'autres auteurs qui m'ont marqué, je peux encore citer Alphonse Daudet *(Le Petit Chose),* Alain-Fournier *(Le Grand Meaulnes),* Bergson, Saint-Exupéry, Graham Greene, Dostoïevski, Sigrid Undset.

Aimez-vous relire certaines œuvres ?

Je me replonge souvent dans les œuvres de mes poètes favoris : Baudelaire, Rimbaud, Saint-John Perse, Valéry, Walt Whitman. Je me répète les vers que je connais par cœur. J'aime particulièrement la poésie lue. Une collection de cassettes me permet d'en écouter, en voiture particulièrement. Je retrouve toujours avec le même plaisir *Le Bateau ivre,* lu par Gérard Philipe, *On n'est pas sérieux quand on a dix-sept ans,* récité par Jacques Doyen. Les cascades de mots et d'images qui se suivent et se bousculent m'enchantent. Et le torrent des vers de Walt

Whitman ! Je relis aussi les tragédies grecques d'Eschyle et de Sophocle : *Antigone*, *Les Perses* et *Prométhée enchaîné* sont mes favorites. Homère aussi.

La musique vous est précieuse, notez-vous dans Malicorne. *Toutefois, j'aimerais en savoir plus et je vous demande : l'art a-t-il tenu une place importante dans votre vie ?*

Je ne sais pas comment j'aurais vécu sans la musique. Aux moments les plus difficiles de ma vie, j'y ai trouvé un grand réconfort.

Mes plus vieux souvenirs me ramènent l'image de ma mère jouant la *Sonate au clair de lune* de Beethoven. Au collège, je passais beaucoup de temps dans la salle de musique. Découvrir une œuvre inconnue m'était un grand plaisir. Je me souviens du moment où j'ai entendu pour la première fois des œuvres comme la *Symphonie concertante pour instruments à vent* et le *Concerto pour harpe et flûte* de Mozart. Quand je les réentends, l'image des couvertures d'album me revient en mémoire.

Plusieurs œuvres sont associées à des moments importants de ma vie. *Peer Gynt* de Grieg reste lié à un moment de grand désarroi de mes années de collège. Les premières notes me sont arrivées, comme un baume et un enchantement. Je revois l'aiguille sur le disque et le chien assis devant le cornet du phonographe. *La Cathédrale engloutie* de Debussy est associée dans ma tête à une aube d'été à Baie-Saint-Paul au Québec. Notre bateau fend lentement une mince couche de brume irisée par le soleil levant.

Bercées par les grandes houles, des cloches de navigation sonnent tour à tour dans le lointain.

Vous possédez un vaste savoir. Vous est-il arrivé parfois de le ressentir comme un fardeau ? Comme un écran qui s'interposerait entre vous et la réalité et vous empêcherait de la percevoir d'un œil non prévenu ?

Plus j'étudie la nature, plus je prends de plaisir à m'y plonger. Et plus je m'y plonge, plus j'ai envie de l'étudier. Connaître les caractéristiques et les comportements de Sirius ou de Bételgeuse augmente le bonheur de les retrouver à chaque automne. Le printemps prend un intérêt nouveau quand on peut suivre les dates d'arrivée des fleurs sauvages et des oiseaux migrateurs.

Ne pas dissocier ce qu'on sait de ce qu'on voit. Que le savoir ne soit pas découplé du contact avec la réalité. Loin d'être incompatibles, l'émerveillement et l'analyse se complètent et s'amplifient mutuellement. J'ai décrit, dans mon livre *Malicorne*, mon expérience personnelle devant un coucher de soleil sur le Pacifique.

La mort est-elle pour vous une préoccupation ?

Plus que la mort, je redoute la dégénérescence sénile. La dégradation physique et mentale me désole quand je la vois progresser chez mes connaissances. À certains moments où ma vie était sérieusement menacée, je me suis rassuré en pensant que j'allais peut-être ainsi en faire l'économie.

"On détermine la vraie valeur d'un homme en notant en premier lieu à quel degré et dans quel sens il est arrivé à se libérer du moi", a écrit Einstein. Comment comprenez-vous cette affirmation ? La reprendriez-vous à votre compte ?

Que signifiait exactement, pour Einstein, les mots "se libérer du moi" ? Leur donnait-il un sens bouddhiste ou psychanalytique ? Il me semble que l'attitude bouddhiste correspond à un refus de vivre. Une sorte de mort prématurée. Se tenir loin des désirs et des passions permet d'éviter le malheur mais aussi le bonheur. Je ne suis pas sûr de pouvoir mesurer à cette échelle la vraie valeur d'un homme. L'interprétation psychanalytique me paraît plus intéressante. La réconciliation avec les pulsions profondes est une "libération du moi" qui donne accès aux forces vives.

Comment définiriez-vous l'intelligence ?

Ce mot recouvre beaucoup de réalités différentes. On peut la définir comme la capacité d'associer des images mentales. Dans ce sens, l'intelligence est présente à divers degrés chez les animaux. Un singe voit dans un pommier un fruit hors de sa portée. Il associe l'image de la pomme à celle d'un bâton avec lequel il la décrochera.

Pensez-vous que l'artiste dans son travail doive se préoccuper de morale ?

Tout est permis sauf ce qui porte tort à d'autres personnes, par exemple la promotion du racisme. C'est là, à mon avis, la seule censure acceptable.

Nous avons derrière nous un long passé. Pourtant, sur le plan moral, il ne semble pas que nous ayons beaucoup progressé. Exemple : ce qui vient de se passer en Yougoslavie. Comment voyez-vous l'avenir de l'humanité ? Ne peut-on pas craindre le pire ?

L'humanité a-t-elle progressé sur le plan moral ? La question n'est pas simple. Il y a certes des points positifs : la reconnaissance des droits de l'homme, la préservation des espèces végétales et animales menacées, sont autant d'acquis récents, d'une valeur indéniable. Rien de cela n'existait au temps de l'Empire romain.

Pourtant les massacres du Rwanda rappellent que la pulsion de vengeance meurtrière est toujours présente chez les humains. Elle se ranime quand le contexte social le permet et l'active. Mais l'instauration de la démocratie et des états de droit limite ces catastrophes.

Le plus étonnant, me semble-t-il, n'est pas que certaines ethnies hostiles sortent systématiquement la mitrailleuse (Hutus-Tutsis, Serbes-Croates) mais que d'autres ne la sortent pas (Flamands-Wallons en Belgique, francophones-anglophones au Québec, Noirs-Blancs aux États-Unis). C'est peut-être là qu'il faut voir le progrès.

Travaillez-vous à un nouvel ouvrage ? Avez-vous en projet un livre dans lequel vous nous parleriez de votre parcours intellectuel, de l'évolution de vos conceptions, de vos interrogations, de vos émerveillements ?

Je prépare depuis longtemps un ouvrage sur mon parcours et sur ma relation à mon métier. J'ai déjà accumulé beaucoup de documents. Je cherche à comprendre comment fonctionne ce "moi" avec lequel je m'éveille chaque matin.

V

Entretien avec

François Bon

Ce qui fait la singularité de votre démarche, paradoxalement, ce n'est pas d'abord sa teneur scientifique. Vous ne donnez pas non plus des livres didactiques, ni de vulgarisation, au très haut sens du terme. Alors même qu'a tant grandi le besoin de tels livres, dans un tel bouleversement de nos représentations de l'univers et de la matière. Vous inventez un autre parcours, où il semble que le questionnement soit toujours à double sens : questionnement de ce dont on porte, et questionnement à rebours de soi-même mis en cause par la représentation bouleversée. Démarche donc tout autant philosophique, mais par le biais du livre : donc résolution par la langue, et dans la langue, de ce double questionnement. La première question, que je considère comme décisive pour mes pratiques propres, est donc la suivante : dans l'accès à ces représentations bouleversées, la difficulté que c'est d'échapper aux modes de pensée et de représenter acquis pour construire en soi-même le nouvel inconnu, est-ce que la langue intervient dès le moment où on s'affronte à l'inconnu, et comme barrage ou outil ? Est-ce que la difficulté de penser neuf implique de bouleverser aussi la langue en soi-même ?

Le langage de la science est un langage simple, dépouillé et sans poésie, qui utilise les mots les plus précis, les plus dépourvus d'ambiguïté. Il tente de s'appuyer sur la logique la plus rigoureuse et se méfie du subjectif et du pathétique. Il s'exprime de préférence par des équations mathématiques.

Paradoxalement, l'objectivité scientifique, qui dans sa démarche refuse la subjectivité, la retrouve pourtant au terme de son enquête. Les acquis de la science doivent leur "robustesse" au fait d'avoir éliminé toutes références aux états d'âme des chercheurs. Pourtant ils provoquent eux-mêmes des états d'âme. Confortablement installé dans un transat, j'aime arpenter la Voie lactée avec mes jumelles. Je visite les nébuleuses et les amas dispersés tout au long des constellations. Associer mentalement ce que je sais et ce que je vois me donne le vertige. Le Petit Prince cherche avec nostalgie dans le ciel l'étoile d'où il vient. Si Saint-Exupéry avait vécu quelques années de plus (il est mort en 1944), il aurait appris que les atomes de son corps ont été formés dans les creusets stellaires. En ce sens, nous venons tous des étoiles. Grâce aux acquis récents de la recherche astronomique, nous pouvons maintenant nous situer dans l'histoire de l'univers et de son évolution. C'est ce vertige qui cherche les mots de son expression. C'est cette "représentation bouleversée" qui nous met en cause à titre personnel et nous questionne en profondeur.

Le langage scientifique si efficace pour explorer le monde est parfaitement incapable d'exprimer notre émotion devant le monde. Le vertige de réaliser que l'histoire de l'univers est aussi la nôtre, que notre vie s'inscrit dans une trame qui contient aussi celle des galaxies, des étoiles et des atomes, s'exprime mal avec les mots propres de la science. Le lieu de ce manque se situe dans le champ de mes jumelles quand j'arpente la Voie lactée. Les concepts et les chiffres de l'astronomie sont étrangers au sentiment d'y retrouver les lieux de notre origine. D'où le besoin d'un langage plus riche, plus porteur d'affects pour l'exprimer.

Si je m'interroge à rebours sur mes écrits antérieurs, je rencontre une question-clef : qu'est-ce que ça me fait à moi d'avoir appris ceci ou cela ?

C'est la charnière où le monde extérieur se noue au monde intérieur. Avant tout et surtout, ne jamais évacuer l'étonnement devant le cosmos révélé par la science. L'étonnement dans sa forme la plus naïve, celui qui ne prend rien pour acquis. Chercher résolument à le réanimer sous les couches de cendres de l'habitude et de l'oubli. Laisser monter les mots que l'étonnement évoque. Cet exercice ramène dans sa nasse une brochette d'expressions et d'images spécifiques, généralement absentes des archives de la tradition scientifique.

Mettre le temps qu'il faut pour que les strates profondes, celles qui rejoignent le monde de la petite enfance, avec ses émerveillements et aussi ses angoisses, refassent surface et aient droit à la parole. Les longues promenades solitaires sous la voûte protectrice des arbres ont toujours été pour moi le lieu idéal de cette plongée intérieure.

La manière dont vos livres procèdent appartient strictement au mode d'appréhension poétique. C'est la langue qui monte vers les objets. Ce qu'il y a de spécifiquement novateur chez vous, c'est que vous lui offrez des objets neufs sans jamais accepter de laisser ces objets (l'univers ou la matière) dans leur gangue conceptuelle ou théorique. C'est notre pratique du monde habituel que vous éprouvez dans une représentation différée. Nous prenons à grand honneur que, pour cela, vous en appeliez à la langue dans son usage pur, par exemple en menant une réflexion dans la poésie ou par elle. Baudelaire paraît d'autant plus grand que c'est à lui qu'on en appelle quand, cent cinquante ans après lui, notre mental achoppe à nouveau à se représenter une limite du connu. La question évidemment ne se résoudra pas ici : mais quand la pensée doit autant se modifier, pour accepter le non-linéaire, accepter de manier des objets ou des représentations qu'elle sait ne pas coïncider complètement avec la réalité complexe et inconnue qu'ils désignent, que demandez-vous à la langue ? Qu'est-ce que ceux de la langue, ceux à qui les scientifiques offrent tant, en leur affront de regarder à nouveau, ou de façon neuve, les étoiles et la nuit, ou un brin d'herbe, pourraient offrir en retour ? Quelle serait la langue qu'il nous faudrait ensemble forger pour un dialogue collectif du récit à la science, là où vous vous êtes déjà risqué seul ?

La science, comme vous le dites, nous offre des “objets neufs” auxquels il importe de donner une épaisseur d'existence. Cette langue “qui monte vers les objets” est bien celle de Walt Whitman et de Saint-John Perse. En écrivant mon premier livre de vulgarisation scientifique, j'ai cherché longtemps un titre approprié. Le premier choix *L'Évolution cosmique* est précis et clair, mais aussi terne et plat. Paul Valéry m'est venu en aide. Les mots "patience dans l'azur" nous mènent bien au-delà. Il m'arrive souvent en lisant des poèmes de tomber sur une expression qui me touche. J'ai soudain l'impression que sa portée rejoint un thème de réflexion. Qu'elle jette un jour nouveau sur une région obscure de nos interrogations communes.

Comment dire notre perplexité devant cette nature tour à tour maternelle, indifférente, insensible et "rouge de griffes et de crocs", quand la froide logistique de l'efficacité heurte notre sensibilité, voire notre existence même. Et comment ne pas s'indigner devant la détérioration planétaire qui menace l'avenir même de la complexité sur la Terre.

Il y a plus à raconter sur le cosmos que ce qu'en disent le discours physique sur les atomes et les étoiles et le discours biologique sur la vie et les mutations génétiques. Un discours adapté doit "ratisser assez large" pour y intégrer les quatuors de Beethoven sans les réduire à n'être "que" ceci ou cela. Comment parler correctement de la réalité dans un langage qui par définition refuse d'être poétique. L'expression appropriée de ces sujets chargés exige une langue qui fasse écho aux réalités qu'elle veut englober.

Dans un poème, Walt Whitman décrit sa déception devant la pauvreté du discours scientifique face à la beauté de l'univers :

Quand j'ai écouté le savant astronome,
Quand les chiffres et les preuves furent alignés en colonne devant moi,
Quand on m'a montré les cartes et les diagrammes pour additionner, diviser et mesurer,
Quand, dans la salle de conférence, j'ai entendu les applaudissements nourris des auditeurs,
Combien, sans le comprendre, je me suis senti fatigué et malade.
Jusqu'au moment où, me levant et me glissant dans l'air humide et mystique de la nuit,
J'ai levé les yeux, sans un mot, vers les étoiles.

Mon but est d'écouter ce que dit l'astronome mais aussi de regarder le ciel en silence, pour en parler autrement.

Si on cherche à rejoindre cette frontière mentale où la langue et la recherche scientifique peuvent interférer, on empiète rapidement sur le terrain même du récit. Les grands récits fondateurs, quelles que soient les civilisations et leur ancienneté, ont toujours inclus en eux une interrogation du ciel. En brisant l'image établie du ciel, on repousse la validité des mythes qui fondent nos civilisations. Comment percevez-vous ce problème ? Évolue-t-on vers un monde capable de penser et de se conduire sans mythologie, ou bien avez-vous l'impression, par exemple dans l'instant même ou vous écrivez, que peut-être, à construire les nouvelles représentations du ciel, on reconstruirait aussi, humblement et lentement, une reconduction de nos mythologies ? C'est un réconfort de penser que des entreprises contemporaines – l'œuvre circulaire de Marcel Proust, le Finnegans Wake *de Joyce où il invente de toutes pièces le mot "quark", bousculant en profondeur le récit – nous aident aussi à nous constituer de façon neuve dans la perception du monde. Mais on a toujours l'impression d'arriver dans un champ brûlé et que la recherche scientifique est déjà plus loin. Et on reste sur notre fin de nouvelles légendes qu'elle ne prend pas la peine de produire. Une autre forme de la question, plus simpliste : peut-on encore rester naïf devant le ciel ? Comment faire pour que les légendes avancent avec la science ?*

Les grands récits fondateurs que vous évoquez ont toujours joué un rôle fondamental dans la structure et la cohésion des sociétés. En reliant les êtres humains à leurs ancêtres, à leur origine et, par-delà, aux personnages mythiques de leur Panthéon, ils avaient pour rôle de fonder et de justifier à la fois les valeurs morales et les lois du comportement.

À ces récits mythiques, l'astronomie contemporaine a substitué le récit scientifique de l'évolution cosmique. On s'étonne de retrouver de nombreuses analogies entre ces visions du monde. L'image, d'un chaos initial est fréquemment évoquée. Le magma torride du Big Bang n'est pas sans ressembler aux océans primordiaux décrits dans de nombreuses traditions. Dans ces récits, grâce à la présence d'un élément organisateur (l'œuf cosmique, un oiseau), l'ordre émerge du chaos. Dans la Bible, par exemple, l'esprit de Dieu qui planait sur les flots sépara la lumière et les ténèbres et "vit que cela était bon". Le Dieu des chrétiens est l'organisateur du monde, le législateur universel et la norme des valeurs.

À première vue, rien de semblable ne semble émerger du récit de la science moderne. Les lois de la physique, qui assurent l'édification de la complexité cosmique au cours des âges, sont étrangères aux notions de "bien" et de "mal". Le récit scientifique n'a pas de portée moralisatrice. Le ciel nous paraît aujourd'hui comme le lieu d'un grand "vide juridique". L'homme moderne areligieux est acculé à réinventer ses valeurs. En cet âge qui voit renaître le capitalisme sauvage et la purification ethnique, la question est loin d'être purement académique.

Mais un second regard sur le récit cosmologique de la science moderne peut nous le faire voir d'une façon différente. L'être humain y découvre sa vraie place. Il n'est pas, comme il l'a cru longtemps, le centre de l'univers. Sa véritable mesure ne se situe pas sur le plan de la géométrie mais sur le plan de la complexité. Dans ce vaste mouvement de l'organisation à l'échelle cosmique, notre existence implique l'opération des galaxies, des étoiles et des planètes. Aujourd'hui, la biosphère est le lieu de cette évolution. Mais son avenir est menacé par notre interaction destructrice.

Une femme enceinte se sent responsable de son enfant, elle se comporte de façon à favoriser son développement. De même, l'avenir de la complexité sur la Terre dépend de nous. Dans cette optique, les conditions que sa survie et son épanouissement exigent (éducation, liberté, respect de l'environnement) sont les "valeurs" désignées par le récit scientifique. La cosmologie rejoint l'écologie. La prise de conscience du phénomène de la croissance de la complexité cosmique apporte un appui de poids aux préoccupations écologiques contemporaines.

VI

Conversation avec

Gilles Derome

Gilles Derome est un céramiste réputé au Québec. Mais sa créativité ne s'arrête pas là. Il a écrit des pièces de théâtre et des recueils de poèmes. Il a peint de nombreux tableaux. Dans ses temps libres, il a été réalisateur de télévision à Radio-Canada. Une série d'émissions sur le monde féminin a eu un grand succès. Il en garde un excellent souvenir d'artisans très compétents.

C'est de notre séjour au collège Jean de Brébeuf que date notre amitié. Il passait au crible les cours des professeurs de lettres et son avis était très prisé. “Ce Jésuite ne comprend rien à Baudelaire ou à Paul Valéry.” Sa culture et son indépendance d'esprit me fascinaient, mais lui valaient beaucoup de déboires. Les enseignants n'aiment pas être mis en cause par leurs élèves.

Il m'a accordé sa confiance très tôt. Je lui en suis profondément reconnaissant. Nous avons parlé quelquefois jusqu'au lever du soleil dans sa maison de campagne au lac des Sables dans les Laurentides.

Une correspondance s'est poursuivie entre nous au sujet d'une courte nouvelle écrite par moi et publiée dans la revue *Alliage* n° 6, en 1990. Voici d'abord la nouvelle intitulée *La Flèche du temps* précédée d'une note d'introduction.

Présentation de la nouvelle

Comment réconcilier notre perception intuitive du temps avec la représentation que le physicien s'en fait quand il veut comprendre le mouvement des corps matériels dans l'espace ?

L'expression "espace-temps" employée couramment par le scientifique contemporain montre bien que, dans le monde de la physique, le temps et l'espace se comportent d'une façon analogue. Les équations de la physique nous parlent d'un temps réversible, où passé et avenir sont interchangeables.

Pourtant notre intuition nous suggère d'importantes différences aussi bien entre le temps et l'espace qu'entre le passé et le futur. Par rapport à l'espace, nous sommes libres de nous déplacer à notre guise. Nous allons à gauche, à droite, en avant, en arrière, en bas, en haut. Par rapport au temps, nous sommes liés comme des voyageurs dans un train. À son rythme, le temps nous entraîne inexorablement, et nous n'y pouvons rien. De surcroît, ce "train du temps" poursuit sa route toujours dans la même direction : du passé (où nous avons nos souvenirs mais sur lequel il nous est impossible d'agir) vers le futur (dont nous ne savons rien mais où nous pouvons agir). On appelle "flèche du temps" cette direction irréversible que nous sentons dans nos entrailles et dont notre miroir nous confirme les effets au long des années. (Dans mon livre *Malicorne,* j'ai essayé de montrer comment ces deux visions du temps peuvent trouver une réconciliation par une étude plus attentive des phénomènes physiques.)

La nouvelle que je présente ici me vient d'une anecdote racontée par une amie physicienne. Elle permet d'illustrer deux aspects de l'expression "la flèche du temps". Comme celle de l'archer, cette flèche ne se contente pas de marquer une direction irréversible, elle porte également la promesse d'une blessure.

Une différence cependant : la blessure infligée par l'archer est vive et cuisante ; celle de la flèche du temps est à peine perceptible. Elle prend tout son temps mais ses ravages n'en sont pas moins inexorables. De la première on peut guérir ; de la seconde, jamais.

La flèche du temps

Des cris d'enfants parviennent des jardins et leur rumeur se mêle aux bruits de la vie dans les immeubles voisins. Florence est seule. Au travers des voilages délavés, les rayons du soleil pénètrent jusqu'au fond du salon. La soirée d'automne promet d'être lumineuse dans cet appartement de la banlieue parisienne qu'elle vient de regagner après sa journée à l'université. Depuis ce matin, elle est restée enfermée dans la salle de réunion des comités d'études où ses interventions ont été nombreuses et remarquées. Ses collègues, presque tous des hommes, apprécient ses mots et ses recommandations.

Assise à la table du salon, elle a entrepris de classer les livres et les documents empilés dans la bibliothèque familiale. L'appartement va être mis en vente et il faut prévoir un déménagement. Sa mère, atteinte de la maladie d'Alzheimer, n'y reviendra plus jamais. Dans la maison de retraite où elle vit depuis quelque temps, les rapports des infirmières ne laissent pas beaucoup d'espoir. Le soir, elle a déjà oublié ce qu'elle a fait le matin. À la dernière visite, elle a dit à Florence : "Il était temps que tu viennes me sortir d'ici."

Florence doit prendre en charge ce déménagement. Cette perspective lui pèse. La grande corbeille à ses pieds s'emplit des almanachs et des catalogues périmés que, après de pénibles hésitations, elle se décide à jeter. Chaque document est un vestige du passé qui évoque un moment de ces années tranquilles vécues ici avec sa mère. Elle revit ces soirées paisibles où, comme aujourd'hui, les rayons du soleil faisaient danser la poussière de l'appartement pendant que toutes les deux, en silence, lisaient à cette même table. L'attention réclamée par la lecture des manuels de physique ne l'empêchait nullement de sentir sur elle le regard de cette mère si fière d'avoir une fille universitaire.

Maintenant, Florence détache le ruban qui entoure une liasse de lettres. Elle en lit quelques extraits, se penche vers un rayon de soleil pour reconnaître une signature pâlie. Puis elle feuillette un album de photos, cherchant à mettre des noms de personnes sur des figures, des noms de lieux sur des paysages et des dates sur des mariages ou des baptêmes. Des odeurs de papier moisi l'atteignent par moments.

Et voici qu'elle tombe sur un document dont elle ignorait jusqu'à l'existence. C'est un journal tenu par sa mère à partir de la naissance de Florence. Les expressions surannées, venues tout droit des romans qu'elle affectionnait, révèlent l'euphorie de son âme. Après tant d'années d'espoirs frustrés, elle a accouché. Maintenant, sa fille est là et elle n'en finit plus de s'en émerveiller. La vie commence enfin, illuminée de promesses et d'espérances.

Jour par jour sont décrits les premiers sourires, les premiers pas, les premiers mots de sa fille unique. Dans les dernières pages du cahier, elle a noté les résultats scolaires, toujours brillants. Florence est d'emblée la première de sa classe. Elle ira au lycée, au collège, à l'université.

“Aujourd’hui, Maman a amené Florence à la campagne pour lui montrer la lune argentée et les belles étoiles du firmament. Elle reconnaît la Grande Ourse et Arcturus.” Sa mère parle d’elle-même à la troisième personne et ne ménage pas les adjectifs. Elle raconte son émotion quand, s’échappant de sa main, Florence a couru vers la rue où une voiture a bien failli la renverser. “Morte de peur, Maman a longtemps serré Florence sur son cœur tambourinant.” Parmi les anecdotes, Florence retrouve l’atmosphère de ces années d’enfance maintenant si lointaines. Et aussi l’agacement que faisait naître en elle cette mère toujours prête à souligner devant ses amies les succès de sa fille et sa brillante carrière en perspective.

Le ciel s’est assombri et la nuit tombe lentement. Les enfants de la cour sont rentrés. Des fenêtres ouvertes parviennent des bruits de télévision. Florence n’a pas allumé la lampe sur la table. Elle regarde la porte de la cuisine d’où sa mère émergeait avec les plats chauds, “tu peux t’arrêter de travailler un moment”.

Puis elle revoit l’image de cette femme effondrée, dans le rétroviseur de sa voiture, la semaine dernière. “Non, maman, je ne peux pas t’emmener avec moi. Les infirmières vont te reconduire à ton lit. Je reviens bientôt.”

Dans la tiède obscurité, une chape de fatigue s’étend sur elle. Elle va à la fenêtre. La “lune argentée” est là. Entre les tours des immeubles, une étoile brille, vraisemblablement Arcturus. Tandis que les décennies opéraient l’inexorable transformation, au ciel, rien n’a changé. Elle frissonne. Dans tout son corps, elle perçoit le lent passage vers le néant.

Réponse de Gilles à Hubert

J'ai lu ta nouvelle. Je crois qu'il est salutaire de dire sa douleur. Cependant il ne faut jamais s'avouer vaincu. J'oserais même avancer qu'il est possible de l'être si on renonce à réfléchir. J'ai pensé à Maupassant que je connais mal et que je connais mal parce que je n'aime pas le lire. Il me semble qu'au XIXe tout se termine par le néant, l'impensable, l'indicible, l'innommable. Nommez-moi un objet plus noir qu'un a-objet, qu'un rien qui n'est pas ! On aurait voulu, à cette époque, arrêter la flèche du temps. Cri du cœur : "Ô temps, suspends ton vol". Combien de temps ?

Et si la flèche du temps était celle d'Éros ? "Pour la suite du monde", dit cette belle dame, la tante Marie dans un film de Jacques Perrault. Et pourquoi ta nouvelle ne se terminerait pas par une Florence qui, au lieu de regarder "vers la porte de la cuisine d'où sa mère émergeait avec les plats chauds", se retournerait à son tour vers la chambre de sa fille pour qui elle prépare un document dont sa fille ignore l'existence ?

Nos deuils sont des blessures qui nous chassent un peu plus tous les jours du paradis. Seul un deuil surmonté permet à la lumière laissée par le passage de la flèche du temps d'éclairer à nouveau le monde où nous sommes tous les matins appelés à "tenter de vivre". Pour voir cette lumière, il faut être capable, chaque soir, d'abandonner à la nuit ce que nous sommes ou ce que nous possédons, c'est la même chose. Se redonner un goût féroce d'avant l'aurore et préparer pour sa fille Aube un document. Dès que nous cessons de rédiger ce document, notre conscience s'obscurcit, dirait mieux que moi Lavelle.

Florence ne doit pas oublier que sa fille Aube, un jour, fouillant dans la bibliothèque de sa grand-mère, comme on regarde dans un rétroviseur, trouvera peut-être une lettre que Florence ne connaîtra jamais, oubliée dans un livre, par la mère de cette grand-mère, qu'Aube n'a pas connue, et qui avait, lui a-t-on raconté, un peu perdu la mémoire. La flèche du temps, comme la comète de Halley, est parfois "anormalement brillante", au dire du journal *La Presse* d'hier, 28 février 1991. La flèche du temps est blessure toujours, parfois anormalement brillante, je le crois.

Réponse d'Hubert à Gilles

Ta réponse oppose à la tristesse résignée de ma petite nouvelle une vision illuminée par le courant de vie qui se poursuivra et dont nous sommes des chaînons. Elle évoque pour moi les deux temps du *Cimetière marin* de Paul Valéry.

D'abord le "Tout va en terre" auquel fait bien écho le poème d'Aragon : "Maintenant que la jeunesse a fui, voleur généreux – Maintenant que la jeunesse chante à d'autres le printemps – Me laissant mon droit d'aînesse – Et l'argent de mes cheveux." Et ensuite le célèbre : "Le vent souffle, il faut tenter de vivre."

Ta réponse est évidemment la bonne, je dirais elle est "agacément" (est-ce un mot ?) la bonne. Ma première réaction serait de dire : tu te places d'emblée du côté de la morale. Rompez ce toit tranquille où picoraient les focs", dit encore Valéry. Reconnaissez que ces belles colombes sont des focs camouflés en sirènes de la mort. Et, comme Ulysse, demandez à vos marins de serrer un peu plus les liens par lesquels vous vous êtes volontairement et "sagement" attaché au mât du navire.

Ma seconde réaction est de dire qu'il y a plus qu'une simple attitude moralisatrice dans ta réaction. Qu'elle est même "hygiénique". Tu écris : "Nos deuils sont des blessures qui nous chassent un peu plus tous les jours du paradis."

Ayant dit cela, je me reprends encore. Ta vision, aussi volontariste qu'elle soit, est la seule qui ait un sens et c'est bien là le problème. C'est la castration symbolique à laquelle nous sommes tous appelés. La blessure de la flèche du temps est inévitable. Elle ne peut être assumée sans la ferme décision de se placer du côté du courant de la vie. L'inéluctable prend son sens quand il est accepté au nom de ce qu'il représente. Et ce qu'il représente est hors de notre moi.

Tu as encore “forcément” raison quand tu affirmes que la flèche du temps est la flèche d'Éros. Mais je crois qu'à prendre trop “forcément” ce parti on perdrait aussi quelque chose. Le drame de l'existence humaine, qui est de devoir renoncer un jour à être dans la lumière, ne doit pas, il me semble, être trop facilement occulté, trop facilement ignoré au nom de “l'hygiène” et de la vitalité. Il y a à le creuser, non pas seulement pour dire sa douleur (ce qui est également hygiénique) mais pour l'explorer dans tous ses aspects sublimes et cruels. J'écris en ce moment un long texte sur Job qui, face à ses contradicteurs, se place dans une situation analogue. Et je pense, qu'on aurait tort de faire taire Job trop vite. Impressionné par la puissance et la sagesse divines, il finit par se taire et c'est bien dommage.

Réponse de Gilles à Hubert

"Qu'ils n'aillent point dire :
tristesse… s'y plaisant."

Vents, III, 5, 1946
Saint-John Perse

Est-ce toujours en novembre que nous échangeons des lettres qui traitent du thème de la mort ? Je voudrais t'annoncer une bonne nouvelle, mais avant… Je suis placé devant deux tentations.

La première : rediscuter du sens de certains mots ou de certaines phrases que l'on utilise sans trop y penser. Pendant ces quatre années, j'ai approfondi dans un journal quelques-uns des mots que j'employais dans la lettre expédiée après la lecture de ta nouvelle. Je pourrais piger dans cet immense brouillon et te faire parvenir toutes sortes de réflexions faites à partir des mots : néant, hier, demain, ici, ailleurs, sur le thème de l'espace-temps.

Le thème est un exercice scolaire qui consiste à traduire un texte de sa langue maternelle dans une langue étrangère. La philosophie est une langue étrangère, pour tout penseur débutant. J'ai remarqué que la langue maternelle, très souvent, utilise l'espace pour dire le temps comme s'il était difficile de faire autrement. L'expression "avoir lieu" en est un bon exemple. Il y a lieu de rediscuter de certaines expressions archiclassiques. Ce mot de Leibniz que tu cites plusieurs fois dans tes œuvres et que je trouve infécond. Autant que celui de Shakespeare “être ou ne pas être” qui ne me semble pas être une traduction exacte des deux verbes “to be”. J’ai toujours pensé que, quoique prétende Hamlet, l’homme n’a pas le choix d’être ou de ne pas être. Il a le choix de continuer d’être en attendant de disparaître ou de provoquer sa disparition. Il n’a même pas la certitude que son existence se termine avec sa disparition. Il n’a qu’une seule certitude qui est de cesser d’être de son temps et de son lieu. Et quand Leibniz demande pourquoi “il y a quelque chose plutôt que rien”, je pense qu’il pose une fausse question et que l’humanité n’aura pas le temps d’y répondre. Elle en a déjà plein les bras de simplement essayer de savoir comment le monde est fait.

Celui qui se découvre sur un radeau emporté par la flèche du temps peut toujours se demander s’il ne serait pas possible qu’il ne soit lui-même, que le radeau ne flotte pas ou que l’eau ne descende pas les pentes, etc., etc. Je crois (sans être volontariste) que le constat du “ce qui est” nous empêche de rêver à ce que pourrait être le rien qui par définition n’est pas et n’est pas pensable. L’homme se doit de comprendre les lois qui tirent son radeau vers la mer et doit apprendre à utiliser les forces en jeu pour remonter à la source. Il doit généreusement voir à ce que soient transmis à ceux qui viendront après lui, comme lui-même a tant reçu, les outils merveilleux qui leur permettront de tirer le meilleur parti dudit voyage sur le radeau. Pascal se lève pour nous dire avec justesse, j’aurais le goût de dire “de justesse”, que nous sommes embarqués.

En 1964, j'avais posé cette question dans un petit livre de poésies qui s'appelait *Dire pour ne pas être dit*. Et je me demandais à l'époque ce que mon ami Hubert, l'étudiant en physique, saurait m'en dire.

Étoile légendaire
emportée par la marche
du ciel
quel tournoiement d'astres
a laissé
de l'orbe centrifuge
liquide
l'étincelle future
devenir îlot flottant
de mystères en dérive ?

Un infime petit détail

Passons à la deuxième tentation. Celle de te refiler une courte nouvelle que tu connais déjà et qui porte le titre suivant : *Un infime petit détail*, et que tu as reçue dans un grand fatras de papiers qui sont mes *Grands Faits divers* (un titre emprunté à Mallarmé). Je te redonne en bref cette courte nouvelle.

Les mots d'enfants sont un peu les petites mies de pain blanc que le Petit Poucet laisse tomber derrière lui. Ces mies d'enfants nous permettent de remonter loin l'histoire de nos familles et de retrouver d'infinis petits détails.

Faisons un petit exercice. Dites, sans trop réfléchir, ce à quoi vous font penser les mots : Saint-Pierre-de-Rome ! Ce sera plus facile si vous avez fait le voyage et peut-être que le contraire est aussi vrai. Ce sera plus facile de divaguer si vous n'avez pas fait le voyage.

La place Saint-Pierre, avec ses deux cent quatre-vingt-quatre colonnes de travertin (roche calcaire), ses quatre-vingt-huit piliers et ses cent quarante statues formant une triple colonnade, son obélisque d'Héliopolis haut de vingt-six mètres qui marqua en d'autres temps le centre du culte de Néron, la basilique dont la surface couvre plus de trois fois celle de Notre-Dame-de-Paris, le baldaquin baroque (la cathédrale de Montréal exhibe le sien en copie simplifiée) sous lequel seuls les papes peuvent dire la messe. La *Pietà* de Michel-Ange, la magnifique porte de Manza, les cinq cent trente-sept marches du

Dôme, les trois cent mille pèlerins qui parfois s'y trouvent, les zouaves, le triomphe de la Bonne Nouvelle, le nombril céleste, la Jérusalem universelle.

Pour chaque rêveur, un désir ; pour chaque voyageur, un souvenir ; tous deux différents. L'esthète se gave, l'archéologue creuse des caves, les séminaristes se dépêchent, l'historien se creuse la cervelle, l'Italienne de noir vêtue se baigne déjà dans la gloire, l'infirme pense à celle qui lui est promise. Toutes ces visions d'un réel vérifiable, nées au même endroit, dans un même temps, réfèrent à des paysages et des époques hétérogènes.

Si je fais le même exercice, je vois une toute autre chose : ma chose.

À six ans, j'ai perdu un frère qui en avait cinq. Il s'appelait Pierre Derome. Je l'ai perdu, une façon de parler, c'est que je croyais qu'il était à moi. Les médecins, nombreux dans ma famille, se sont réunis à voix basses pour me l'enlever. Je n'avais pas bien saisi le sens du mot "malade". Vous allez penser que j'ai vécu longtemps le deuil que m'a imposé cette disparition. Eh bien non. Il n'a pas eu lieu, ce deuil. On ne m'a pas donné le droit de pleurer et d'être un homme. J'aurai soixante ans, et je n'aurai pas le droit de régler le cas de ce "on" de malheur. Je sais que mon frère a été mis en terre, je les ai vus faire. J'écris, "la larme à l'œil", un beau titre de roman. Je sais qu'il est devenu un petit saint du bon Dieu car "on" me l'a dit.

Saint-Pierre-de-Rome, pour moi, une retenue, indéfiniment retenue. Un cercueil blanc, trop petit. Une place d'absence. L'envers acide de l'autre. Une peine grise, interminable. Comme dans un film de Visconti où tout a été peint en gris et même le monsieur qui vend des fruits gris.

Dites-moi, sans trop réfléchir, à quoi vous font penser les mots : Saint-Pierre-de-Rome ? Dites-moi s'ils vous révèlent ou s'ils vous cachent la réalité. Cette réalité nouvelle est-elle plus vraie à l'intérieur ou à l'extérieur ? Plus fausse ou moins fausse que la vôtre ? La mienne a été longtemps tendre, atroce et silencieuse.

Il est essentiel que le Petit Poucet, pour retrouver son chemin, se serve de cailloux et de miettes de pain. S'il n'avait utilisé que les petits cailloux blancs, le conte célèbre se serait terminé avant de commencer. Nous n'aurions pas su, entre autres choses, que les filles de l'Ogre que le Petit Poucet fait assassiner par leur père sont de laides ogresses “qui mordent déjà les petits enfants pour en sucer le sang”. Selon le texte même de Perrault. S'il n'avait utilisé que les miettes de pain nous n'aurions pas su que la mère des sept frères est très contente de retrouver celui qu'elle aime le plus et qui s'appelle Pierre. Le saviez-vous ? Un infime petit détail. Fin de la deuxième tentation.

Je vais maintenant te faire part de la bonne nouvelle. Je me suis sorti de la tristesse. J'ai écrit *Un infime petit détail* vers l'âge de soixante ans. Il n'est jamais trop tard pour retrouver les forces vives de sa première enfance. Il y a sept années déjà. Je pense, durant ce temps, avoir réussi, avec l'aide d'une bonne thérapeute et beaucoup d'efforts (faut se donner un peu de crédit), à me sortir de cette maladie de l'“à quoi bon” qui me submerge tous les matins et cale mes voiles avant que l'aube ne pointe.

Avant toute journée. Qui me submergeait, à l'imparfait, je devrais dire. Mon radeau prenait lamentablement l'eau. Il ne faut pas se lancer à la découverte des Indes ou de l'Amérique sur une galère. Il faut savoir aujourd'hui profiter des sciences de la profondeur qui joignent à l'étude des courants les plus sombres, celle des vents les plus fous. Il ne faut pas faire à la rame ce qui se fait maintenant à la voile.

Ma thérapeute m'a expliqué que le titre de mon livre de poèmes (je le cite plus haut) que je croyais très positif "dire pour ne pas être dit", "dire pour ne pas être défini par l'autre", voulait dire aussi : dire sans dire, dédire, pour éviter d'être perçu et percé. (Dans le bureau de ma thérapeute, sur le mur, derrière ma chaise, je me suis retourné, une photo du *Secret* de Rodin.) Je pense qu'un jour je lui donnerai entièrement raison et je t'expliquerai ma fascination pour Mallarmé, une fascination qui date de notre temps de collège. Une fascination pour tous ceux qui luttent ardemment contre la plus lancinante des impressions. Celle qui habite ceux qui ont appris trop jeunes que tout ce qu'ils aiment est immédiatement faucardé (fauché à l'aide d'une grande faux) et dédit par la mort. Ceux qui savent. Ceux qui ont appris que la minute heureuse qu'ils souhaitent vivre ne durera qu'une minute. La fascination qui hante ceux qui, pendant leur jeunesse, ont tout appris sur tout, et rien d'autre, car ils n'ont pas appris à jouer.

P.S. : Le métier de céramiste que j'exerce m'a enseigné que le feu réduit tout en cendres et que le temps réduit tout en poussières. Il m'a aussi enseigné que le mot réduire est mal choisi. Le feu et le temps ne réduisent pas, ils transforment, ce qui est très différent. Ce qu'ils transforment est notre lieu. C'est avec ces cendres et ces poussières que se composent les plus belles glaçures et les terres les plus poreuses. (Nos grands-mères faisaient avec ces cendres d'excellents savons.) Cette façon nouvelle de voir que les choses se transforment fait partie de ce que nous devons transmettre à nos enfants. Sans qu'il soit nécessaire de faire appel à l'hygiène "du saint homme Job", pour employer ton mot. Je sens que si nous étions l'un en face de l'autre, tu manifesterais de l'impatience. Les enfants de six ans, depuis Thalès, savent que les choses se transforment, serais-tu tenté de me dire. J'ai constaté que les adultes aussi savent que les choses éloignées d'eux se transforment. Mais, souvent, ils n'agissent pas comme s'ils savaient. Lorsque ces choses les touchent de plus près, le détachement qu'ils manifestent concernant les choses éloignées ne joue plus, tout se transforme, croient-ils, excepté eux-mêmes. À mon avis, ils pratiquent en même temps au moins deux philosophies de la nature, l'une pour l'éloigné et l'autre pour le proche. Et autant de métaphysiques, l'une pour l'univers et une autre pour leur moi. Tous les bons manuels de philosophie commencent par nous donner un irréfutable exemple de logique : tous les hommes sont mortels or vous êtes un homme, donc… et s'efforcent par la suite de vous inviter à croire que, ou de vous démontrer que, vous, vous êtes immortel. Si cette logique est purement formelle nous avons bien des chances que la métalogique que l'on en tire soit elle-même un pur exercice. De la musique.

Réponse d'Hubert à Gilles

Pendant de longues années, ta rencontre avec la mort, à l'âge de six ans, a pesé sur toi de tout son poids d'"à quoi bon". Les êtres humains sont vraisemblablement les seuls à savoir qu'ils vont mourir (mais que savons-nous de ce qui se passe dans la tête des animaux). Cette conscience ne s'éveille que lentement au cours des années. Ton expérience est assez unique, je suppose. L'enfant se croit éternel. Pour lui, la mort n'arrive qu'aux autres.

Mon plus vieux souvenir d'une rencontre avec la mort date de ma septième année. Dans un "salon mortuaire", une cousine de mon âge, vêtue de blanc, un chapelet à la main, est couchée dans son cercueil également blanc, décoré d'argent. Des roses en énormes bouquets tressés répandent leur odeur suave. Depuis ce jour je n'aime pas les roses. Je n'en cultive jamais.

Devant le cercueil sur un prie-dieu où ma mère m'a conduit, je regarde les traits détendus de la petite morte. Cette image, les mots échangés à voix basse me plongent dans une sorte d'irréalité troublante.

Sortant du salon et après avoir erré un bon moment sur les tapis rouge sombre, je pénètre dans un autre salon. Une jeune femme vêtue de noir repose dans un simple cercueil. Près d'elle, un homme pauvrement vêtu et un jeune garçon. La lumière est crue et le silence oppressant. La pesante misère me rejette dans la réalité : comment vont-ils vivre maintenant ?

L'image de la mort se rapproche quand ma grand-mère chérie, qui me réjouissait de ses contes interminables, part à son tour. Devant ma table de travail, j'ai une des dernières photos d'elle. Assise devant le lac Saint-Louis de mon enfance, elle sourit mais son visage est marqué par la vieillesse. Plus tard, notre chien Prince est tué par une voiture.

Chacun de ces événements enfonce dans notre tête le message de la réalité : personne n'est éternel. Pas même moi ! “Enfoncez-vous ça dans la tête”, dit Henri Salvador. Mais ça n'entre pas vite.

L'année de sa mort, le poète Pierre Emmanuel donne une conférence à l'hôtel Ritz Carlton à Montréal. L'image du jeu de cartes lui sert à décrire l'entourage humain. Chacun tient son jeu dans sa main, les cartes étalées et visibles d'un seul coup d'œil. De temps à autre, une carte tombe mais elle est aussitôt remplacée de sorte que le jeu est toujours complet. Dans le cercle de nos familiers, les figures changent.

Cette même image, sous une forme plus radicale, m'est venue un jour en regardant une grande photo prise pendant l'Exposition universelle de 1889 au Grand Palais de Paris. Des centaines de dignitaires, rois fièrement dressés, reines portant d'énormes bouquets de roses, ambassadeurs guindés, etc., arborant tous un sourire à la hauteur de la cérémonie. J'ai pensé soudainement : ils sont tous morts. Rien ne subsiste de leurs univers personnels. Au faîte de sa gloire, Staline disait : “La grande faucheuse nous emportera tous.”

Le rythme des disparitions autour de moi s'accélère. Des amis proches ne sont plus là. “Ça canarde” autour de moi. Je suis encore là. J'ai eu beaucoup de chance.

Il faut réagir. Si la mort nous guette, en attendant nous avons la force de vivre. La conscience de la mort n'écrase pas les êtres humains.

L'âge avance, inexorable comme un train. Il nous amène dans des gares différentes qui sont les âges de la vie. Chacun a ses avantages et ses désavantages. L'idéal, j'imagine, serait de profiter de chacun au maximum.